KB246984

프로즌 플래닛
frozen planet

상상 너머의 세계, 지구 끝에 사는 생명의 놀라운 기록

앨러스테어 포더길·버네서 벌로위츠 지음 | 데이비드 애튼버러 서문 | 김옥진 옮김

차례

서문| 데이비드 애튼버러

눈과 얼음으로 덮인 자전축의 끝, 양극 주변 지역은 지구라는 행성에서도 가장 생명에 적대적인 곳이다. 그러나 북극의 육상 포유류, 남극의 조류, 남북 양극의 해양 포유류 등 많은 종류의 동물들이 그곳에서 수천 년에 걸쳐 특별한 생존방식을 발전시켰다. 그러한 종의 수는 많지 않으며, 따라서 그들에겐 경쟁자가 거의 없었다. 그 결과 그들은 극적인 숫자로 번성할 수 있었다. 역설적이지만, 가장 생존하기 힘든 곳에서 가장 멋진 생명의 모습을 연출한 것이다.

북쪽의 극 자체는 얼어붙은 바다로 덮여 있다. 수 세기 동안 가장 강인한 사람들 소수가 과감하게도 얼음이 있는 곳으로 갔고 그곳에서 사냥하며 생존했다. 하지만 이보다 온화한 남쪽의 육지에 살던 사람들에게 이 얼음 불모지는 오랫동안 지구에서 가장 접근하기 어려운 땅이었다. 그러나 이제는 그렇지 않다. 오늘날에는 남쪽으로 1,125킬로미터 떨어진 노르웨이 영토 스발바르에 있는 롱위에아르뷔엔이라는 도시에서 비행기를 타고, 러시아인들이 매년 얼음 위에 세우는 캠프가 있는 곳까지 날아가면 누구나 북극점에 도달할 수 있다. 그곳에서 극점까지는 겨우 115킬로미터 정도밖에 되지 않는다. 체력이 강건한 일부 여행자들은 걸어서 그 여행을 마치기도 하지만, 많은 이들은 헬리콥터를 타고 그곳에 도달한다. 나도 그렇게 했다.

방문 다음 날 보니 러시아 캠프에서 활주로 역할을 했던, 장애물이 제거된 편평한 얼음길과 내 텐트 사이에 몇 센티미터 폭의 틈이 벌어져 있었다. 캠프를 책임지고 있던 러시아인들은 얼음 위에 종종 이런 틈이 생긴다며 걱정하지 않았다. 그러나 틈은 계속 벌어졌다. 내가 떠나고 이틀 뒤 그 폭은 28미터가 되었고 그들은 서둘러 캠프를 철수해야만 했다.

확실히 북극은 따뜻해지고 있다. 가까운 미래에 북극점을 덮고 있는 해빙이 매년 여름 모두 사라져서, 태평양에서부터 북미와 유라시아 북부 해안을 따라 대서양까지 통하는 뱃길이 열릴 수도 있을 것이다.

지구의 남쪽 끝은 약간 사정이 다르다. 남극점은 바다 아래에 있는 것이 아니라 거대한 대륙의 중심에 자리하고 있다. 하지만 사람이 사는 곳과 너무 멀리 떨어져 있어서 불과 200년 전만 해도 어렴풋하게나마 그 해안을 본 사람이 없었다. 대륙이 발견되자 사람들은 그 극점에 도달하기 위해 온갖 시도를 했다. 그것이야말로 인간이 생각해낼 수 있는 가장 야심차고 대담한 위업처럼 보였고, 최초로 극점을 밟으려던 사람들이 그 과정에

서 목숨을 잃었다.

그러나 이제는 그렇지 않다. 이곳 역시 우리는 비행기를 타고 갈 수 있으며, 현재 남극점에는 멋진 건물이 서 있다. 주변에 눈이 꾸준히 쌓일 수 있도록 기둥 위에 세워진 그 건물 안에서는 과학자들이 일 년 내내 연구를 계속하면서 저 멀리 행성들과 은하수들을 관찰하고, 이곳에서만 가능한 방식으로 지구 현상을 탐구하고 있다.

이곳에서도 기후는 변하고 있다. 건물 밑 얼음의 두께는 5킬로미터로, 다음 몇 세기 이내에 녹을 것 같지는 않다. 그러나 거대한 흰 치마처럼 대륙을 둘러싸고 있는 해빙의 가장자리는 조금씩 떨어져 나가고 있다. 그래서 한때 내륙 깊숙한 곳에 있는 것처럼 보이던 산들이 이제 여름이 되면 바다 저편의 섬처럼 대륙과 분리된 모습으로 나타난다.

남북 모두에서 일어나는 이 모든 변화는 극지방 동물들에게 근본적인 영향을 미치고 있다. 그로 하여금 극한의 추위에 살아남을 수 있게 해준 바로 그 적응상태가 전보다 따뜻해진 여름에는 불리한 조건이 되고 있다. 이보다 조금은 덜 적대적인 곳에서 살던 다른 종들이 극지로 가까이 이동하면서 한때 그곳을 차지했던 종들을 대체하고 있다. 그럼에도 불구하고 이곳은 여전히 사람이 일하기에는 끔찍한 곳이다. 금속을 손으로 잡으면 피부가 벗겨질 수도 있다. 눈보라는 여행자를 며칠씩 텐트에 가두는가 하면 발밑에서 해빙이 쪼개져 생명을 위협하기도 한다.

그러나 이런 지역의 경이로움을 기록하는 것은 이제 그 어느 때보다 중요한 일이 되었다. 야생 생물을 촬영하기 위해, 그것도 겨울에 촬영하기 위해 카메라팀들은 지구에서 가장 일하기 힘든 여건을 감수해야 했다. 〈프로즌 플래닛(Frozen Planet)〉 시리즈를 위해 그들이 3년간 제작한 영상은 필름이나 전자적인 수단으로 한 번도 기록된 적이 없는 행동과 현상을 포착했다. 이런 영상은 시간이 지날수록 그 가치를 더할 것이다. 왜냐하면 이것은 인간이 당도하기 전 수십만 년 동안 존재했으며, 이제 한 세기가 지나기도 전에 알아볼 수 없을 정도로 바뀔지 모르는 곳의 가장 멋진 모습을 담아낸 마지막 기록일 수도 있기 때문이다.

위
물범 자세를 취한 데이비드 애튼버러. 북극곰의 주된 먹잇감인 고리무늬물범과 그 새끼를 관찰하며 〈프로즌 플래닛〉을 촬영 중이다.

맞은편
물범 확인 수업. 남극의 총빙에서 지내는 범고래 새끼(어렸을 때는 녹슨 적색을 띤다)가 어미로부터 게잡이물범(왼쪽)과, 더 좋은 먹잇감인 웨들물범(오른쪽)을 구분하는 법을 배우고 있다.

뒷장
남극대륙 캔들마스 섬의 빙산. 파란 줄은 물이 빙산의 틈을 채우고 공기방울이 생기지 않을 정도로 빨리 언 결과다. 빛이 통과하면서 적색 파장은 흡수되지만 청색 파장은 반사되어 나간대(흰 얼음은 모든 색을 흡수한다).

1장 | 극에서 극으로

지구 끝까지

북극점에 선다는 것은 겁나는 경험이다. 당신은 눈에 덮인 언 땅을 딛고 선 것처럼 보이지만 사실은 그렇지 않다. 그것은 바닷물이 얼어붙은 해빙으로, 겨우 몇 미터 두께로 당신과 북빙양(북극해) 사이를 가르고 있다. 이 지점에서 북빙양의 깊이는 4킬로미터가 넘는다. 얼음은 또한 계속 움직이고 있다. 바람과 해류에 밀려 하루에 최대 40킬로미터나 떠돌 수도 있다. 이런 이유 때문에 얼음 위에는 영구적인 북극점 표시가 없다. 북위 90도를 가리키는 소형 위성항법장치인 GPS가 가장 합리적인 표지다. 그러나 영구적인 표시물을 보려면 2007년에 러시아인들이 녹슬지 않는 티타늄으로 만든 깃발을 설치해둔 해저까지 잠수해 들어가야만 한다. 지구는 남북극을 잇는 축을 따라 돈다. 따라서 당신이 실제 북극점인 북위 90도에 선다면 지구의 그 어느 곳에서보다(물론 남극점을 제외하고) 가장 정지된 상태로 있게 될 것이다.

얼어붙은 극의 수수께끼

북극점에서는 9월 22일이나 23일이 되면 태양이 지고 다음 6개월간 떠오르지 않는다. 태양에너지가 없어서 온도는 급격히 떨어진다. 그러다가 춘분경인 3월 20일이나 21일이 되면 태양은 마침내 다시 떠올라 9월 22일이나 23일까지 지지 않고 6개월 동안 하루 내내 위에서 움직인다. 그렇다면 이 6개월 동안 적도 지역보다 두 배는 더 햇빛을 받는데 북극이 지구에서 가장 덥지 않은 이유는 무엇일까? 이제 당신은 우리 행성의 끝이 얼어붙은 진짜 이유에 도달했다.

햇빛은 극지방을 빗각으로 비추며, 따라서 온기가 거의 없다. 지구에서 태양을 똑바로 마주하는 부분은 적도뿐이다. 빗각은 또한 태양 광선이 북극에 도달하기 전에 통과할 대기가 더 많다는 뜻이며, 이로 인해 광선은 더욱 약해진다. 태양이 하늘에 낮게 떠 있기 때문에 한낮의 태양이 주는 온기는 결코 경험할 수 없다. 통과하는 약간의 빛은 거의 일년 내내 바다를 덮고 있는 얼음에 의해 대부분 반사되어 우주로 다시 나간다. 지구의 다른 곳에서는 반사되는 태양에너지가 이보다 훨씬 적으며 상당량은 공기 중의 수증기가 흡수한다. 이와 대조적으로 극지방의 공기는 믿을 수 없을 정도로 건조하며, 이 역시 온도를 떨어뜨린다.

출렁이는 얼음 담요

어떤 방향으로든 북극점에서 걸음을 옮기는 순간 당신은 남쪽을 향하게 된다. 동쪽이든

서쪽이든 마찬가지다. 가장 가까운 육지인 그린란드의 최북단까지는 725킬로미터의 해빙이 뻗어 있다. 극지방 마니아들은 이를 총빙(叢氷, pack ice, 바다 위를 떠다니는 얼음이 모여 하나의 거대한 얼음덩어리를 이룬 것. 유빙군, 군빙이라고도 한다.—옮긴이)이라 부르곤 하는데, 이 얼음 위를 걷는 순간 그 이유를 알게 될 것이다. 계속해서 움직이는 얼음은 부서졌다가 다시 떼를 이루며 역동적이고 출렁이는 풍경을 만들어낸다. 이런 얼음판들이 충돌하면서 압력봉우리(pressure ridge)가 만들어지는데, 어떤 것은 3층 집 높이까지 이르며 아래로는 네 배 정도 더 깊이 들어간다. 이런 봉우리들이 얼어붙은 북빙양을 가로질러 수 킬로미터까지 뻗어 있을 때도 있다. 이 희한한 얼음 형상은 대개 얼음이 오래되었다는 표시다. 여름 내내 언 상태로 있다가 그 다음 겨울에 더 커지고 매년 두께를 더해 어떤 지점에서는 8미터나 되기도 한다. 모두 '다년(多年)'빙임을 말해준다.

총빙의 약 4분의 1은 매년 새롭게 어는, 생긴 지 얼마 안 되는 얼음이다. 이들은 가을에 얼기 시작하여 분당 최대 60제곱킬로미터씩 확장하는데, 최대에 이르면 거의 1,400만 제곱킬로미터의 해빙이 되어 북빙양의 85퍼센트 정도를 덮는다.

얼음 위의 생명

얼음을 가로질러 느릿느릿 걸음을 옮기는 북극곰은 얼어붙은 바다를 돌아다니기에 완벽하게 설계된 동물이다. 위장된 흰색 털, 물범 냄새를 알아내는 긴 코, 고기를 자르는 이빨, 시속 56킬로미터로 전력질주하는 능력은 갈색곰 선조로부터 진화하면서 얼음과 그 먹이인 물범에 의해 어떻게 미세조정되었는지 보여준다.

북극곰은 위험한 얼음지대를 기막히게 헤쳐 나간다. 대단히 크고 넓은 발은 체중을 효과적으로 분산시켜 준다. 덕분에 362킬로그램의 체중으로 사람 몸무게로도 깨질 만한 얼음 위를 거든히 이동한다. 깨지기 쉬운 얼음 위에서 북극곰은 날개를 편 독수리처럼 걷기도 하고, 심지어 배로 기기도 하면서 발과 동시에 몸을 끌고 간다. 육상의 곰처럼 걸어 다니다가도 얼음이 깨지면 놀랄 만큼 쉽사리 물에 뛰어들어 해양동물의 본성을 드러낸다. 이런 본성은 바다의 곰을 뜻하는 북극곰의 학명 우르수스 마리티무스(*Ursus maritimus*)에도 나타난다. 북극곰은 실제로 해양 포유류다. 생존을 전적으로 바다에 의존하기 때문이다. 살아가는 동안 북극곰은 최대 25만 9,000제곱킬로미터에 달하는 광활한 북빙양을 돌아다닌다.

북극곰의 이러한 방랑 본성은 개체수 추정을 어렵게 한다. 그저 2만 마리에서 2만

바다의 곰. 북극곰은 실질적인 해양 포유류로, 다른 해양 포유류를 먹이로 삼는다. 150 킬로미터 이상을 쉬지 않고 헤엄칠 수 있으며, 얼음이나 육지로부터 수 킬로미터 떨어진 곳에서도 헤엄치는 모습이 관찰되었다.

어미 북극곰이 돌아가며 젖을 먹는 새끼 두 마리를 보호하고 있다. 새끼들은 최대 약 15 분씩, 하루에 6~7회 젖을 먹는다. 수유는 수 개월간 계속된다. 이 나이(굴에서 나온 지 겨우 일주일 정도밖에 되지 않았다)의 새끼들은 지나가는 수컷 곰에게 특히 취약하다.

5,000마리 정도가 존재할 것으로 여겨질 뿐이다. 이들 대부분은 얇거나 자주 갈라지는 얼음 가까이에 머물며 부빙(浮氷, ice floes, 바다나 호수 위를 떠다니는 얼음—옮긴이)을 발판 삼아 물범을 잡는다.

얼음이 두껍고 물범 밀도가 낮은 북위 82도 이상을 넘어가 헤매는 곰은 거의 없다. 그러나 2006년 북극점에서 겨우 1.6킬로미터 떨어진 지점에서 곰 한 마리가 발견되었다. 이는 기록상 가장 북단에서 목격된 곰이었다. 북극곰 종이 남쪽으로 이동하지 않는 것은 해빙의 규모 때문이다. 북극곰이 가장 편하게 느끼는 곳은 얼어붙은 바다로, 얼음이 후퇴하여 밀려갔을 때나, 암컷의 경우, 눈 덮인 안전한 굴을 찾을 때만 육지로 돌아간다.

지구에서 가장 추운 곳

북빙양은 전 세계 오대양 중 가장 작으며, 아시아 · 유럽 · 북미 세 대륙의 북단, 그린란드 섬(지구에서 가장 큰 섬), 그리고 몇몇 군도에 둘러싸여 있다. 전반적으로, 북극의 육지는 온도가 -2℃ 밑으로는 절대 내려가지 않는 바다와 가까이 있어서 극심한 추위는 덜한 편 이다.

비록 극지방의 얼음에 덮여 있지만 이처럼 따뜻한 물 덕분에 북극점은 겨울에도 북 극지방에서 가장 추운 곳이 되지 않는다. 최저 기온 기록은 시베리아에 있는 오이먀콘이 갖고 있는데, 무려 -71.2℃까지 내려간 기록이 있다. 이 정도까지 기온이 내려가려면 찬 공기의 '호수(냉기호)'가 북극 내륙 위를 완전히 뒤덮어야 한다.

이러한 '기온역전' 현상은 차갑고 조밀한 공기가 밑으로 가라앉아, 보다 따뜻한 상층 부의 공기와 섞이지 않을 때 일어난다. 이 때문에 북극지방에서는 다소 오싹한 경험을 할 수도 있다. 상층부의 따뜻한 공기로부터 소리가 다시 튀어나와 훨씬 멀리까지 가기 때문 에 대단히 먼 거리에서도 사람의 목소리를 들을 수 있는 것이다. 그리고 빛이 휘어져서 지평선 아래 있는 물체가 위에 있는 것처럼 보이기도 한다. 떠오름(looming) 현상이라 알 려진 이 효과는 일종의 신기루로서, 이미 진 해나 달을 뒤틀린 형태로나마 볼 수 있게 해 준다.

그린란드의 거대한 빙상

비행기에서 그린란드를 내려다보면 녹색의 작은 땅이 보일 것이다. 사실 이 땅은 10세기 노르웨이의 무법자 붉은 에이리크(그린란드에 최초로 정착지를 세운 인물—옮긴이)가 아이슬란드로부터 정착민들을 유인하기 위해 의도적으로 이름을 잘못 붙인 곳이다. 에이리크가 선전하는 말을 믿은 사람들은 영국 면적의 일곱 배나 되는 그린란드의 81퍼센트가 얼음에 덮여 있는 것을 알고 모두들 충격을 받았을 것이다. 이것은 북반구에서 가장 큰 얼음덩어리로, 지구에 존재하는 전체 담수의 8퍼센트에 해당하며, 북극지방 유일의 진짜 빙상이다. 또한 거대 빙상이 북반구의 땅덩어리와 대륙붕의 넓은 부분을 뒤덮었던 빙하시대의 잔해이기도 하다.

그린란드 빙상은 겨울눈이 쌓이면서 수천 년에 걸쳐 형성되었다. 가장 깊은 곳은 두께가 3킬로미터가 넘으며, 기저 부분은 25만 년이나 되었다. 오늘날에는 해안까지 뻗어 있지 않으며, 마지막 빙하시대 이후 약 9,000년 만에 모습을 드러낸 비교적 좁은 폭의 땅으로 둘러싸여 있다.

비행기에서 보면 얼음은 편평하고 아무런 형상이 없는 듯하지만, 고도를 약간 낮추면 살아 움직이는 것처럼 보인다. 여름이 되면 표면은 물이 녹아 옥빛으로 덮이고, 그 물은 그물처럼 얽힌 물길로 흐른다. 여기저기에 녹은 물이 고여 하늘빛 호수를 형성한다. 폭이 수 킬로미터에 달하는 이런 호수는 얼음 사막에 일시적인 색의 오아시스를 만들어 낸다.

얼음 장관

저 아래에서는 얼음이 녹는 소리가 귀를 먹먹하게 할 정도다. 사방에서 물이 움직인다. 조용한 개천이 더 큰 시내로 흘러들어가고, 시내는 포효하는 성난 강으로 흘러들며, 강은 깊은 얼음 협곡으로 거세게 휘몰아친다. 협곡이 암석으로 되어 있다면 강이 그것을 깎고 지나가는 데 수천 년이 걸리겠지만 이곳에서는 단 몇 주면 가능하다. 물길은 폭이 30미터가 되지 않는 경우도 있지만 각각의 물길은 여름 몇 달 동안 템스 강보다도 더 많은 물을 운반한다. 물길의 기슭에서는 매우 조심해야 한다. 많은 경우, 주요 물길이 빙하구혈—강 전체를 삼키는 수직 기둥. 물은 3킬로미터 아래 빙관 기저 부위로 곧장 떨어진다—로 끝나기 때문이다. 그것은 지구에서 가장 극적인 장관으로, 초당 거의 500리터가 눈앞에서 그냥 사라진다. 얼마 되지 않는 여름 해빙기(解氷期) 몇 달에 걸쳐 4,130억 톤의 물이 빙하구혈과 얼음 속에 숨겨진 배수체계를 통해 빙상에서 빠져나간다.

중심부에서 멀수록 빙상 표면은 우글쭈글하고 틈이 많다. 이는 빙상 전체가 자기 무게로 인해 천천히 아래로 흐르며 매년 최대 200미터의 속도로 움직이고 있다는 증거다.

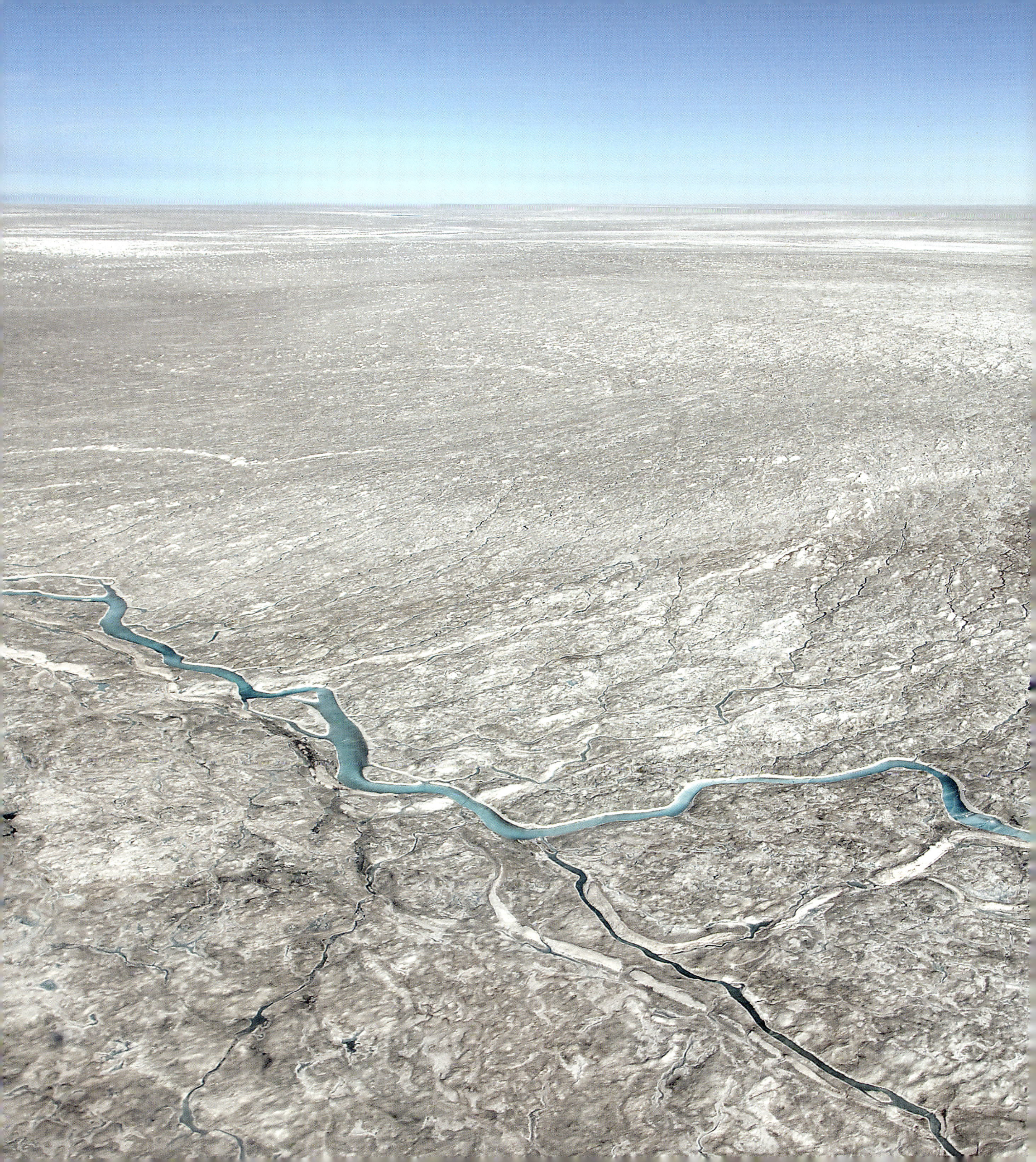

표면에서 녹아내린 물은 얼음과 그 아래 암석 사이의 윤활제로 작용한다. 동쪽과 남쪽에서는 높이 치솟은 산맥이 얼음을 저지하고 있어서 대부분의 얼음은 서쪽으로 빠져나가는데, 거대한 빙하가 되어 바다로 밀려나간다.

그린란드 빙산 공장

봄이 되면 그린란드에서는 얼음덩어리가 떨어져 나간다. 해빙이 피오르에서 녹아 떨어져 나가면 빙하는 자유를 얻는다. 요정의 궁전처럼 뾰족하기도 하고, 거대한 알처럼 매끄럽기도 한 빙산들이 무리를 지어 빙상에서 떨어져 나온다.

전해 내려오는 말에 의하면, '빙산의 일각'을 본다는 것은 전체의 10분의 1만을 보는 것이고 나머지는 표면 아래 숨어 있다는 뜻이라고 한다. 그러나 빙하의 얼음은 일반 얼음보다 공기방울이 많아서 더 잘 뜨기 때문에 실제로 보이는 것은 전체의 7분의 1 정도다. 공기방울은 얼음으로 압축되는 과정에서 눈 속에 갇힌 것으로, 빙산이 하얀 이유이기도 하다. 빙산의 파란 띠는 비교적 방울이 없는 크레바스(빙하 표면에 생긴 깊은 균열—옮긴이)의 녹은 물이 얼면서 생성된 것이며 청색 파장만 반사시킨다.

그린란드의 빙하에서 떨어져 나온 빙산은 해류에 휩쓸려 남쪽으로 흘러갈 때도 있다. 일부 거대한 빙산은 녹기 전에 북위 40도나 되는 남쪽까지 떠가기도 한다. 1912년 타이타닉 호를 세 시간도 안 돼 침몰시켜 1,513명의 사람들을 익사시켰던 것도 바로 이런 빙산 중 하나였다. 매년 수십만 개의 빙산—3,500억 톤 이상의 얼음—이 그린란드의 빙하들로부터 만들어진다. 이것은 바다에 양분을 공급하여 플랑크톤을 길러내고, 플랑크톤은 다시 이 지역의 풍부한 해양생물들을 먹여살린다. 그린란드에서 빠져나오거나 빙산으로 분리되어 바다로 나오는 담수도 전 지구의 해류 순환에서 일정한 역할을 담당하여, 극을 지나 훨씬 먼 곳의 기후 유형에도 영향을 미친다.

녹아내리다

북빙양의 중심부는 일 년 내내 얼음에 갇혀 있고 비교적 생명체가 없지만, 여름이 되면 그곳을 둘러싼 얕은 바다는 세계에서 생명체가 가장 풍부한 곳 중 하나가 된다. 이런 변화는 러시아의 레나 강, 오브 강, 예니세이 강, 북미의 매켄지 강, 유콘 강 등 북빙양으로 흘러들어오는 다섯 개의 큰 강에서 시작된다. 반년간 이 강들은 거의 고체 상태로 얼어 있고 얼음폭포는 거대한 댐으로 작용한다. 봄이 되면 상층부가 녹으면서 얼음 아래의 압

그린란드 서부 디스코 만 빙하 얼음의 세부 모습. 빙하가 팽팽하게 당겨지고 뒤틀리면서 크레바스가 생김에 따라 오래된 파란 얼음(얼음이 받고 있는 압력 때문에 파랗다)이 드러났다.

맞은편
그린란드 북부 훔볼트 빙하에서 폭발적인 분리가 일어난 뒤의 모습. 커다란 빙산들이 전면에서 수 킬로미터 떨어진 곳으로 표류하고 있고, 가운데에는 '빙암(氷岩, growler, 높이 1미터 미만, 길이 5미터 미만의 빙산—옮긴이)' 또는 '빙산편(氷岩片, bergy bit, 높이 1~5미터 미만, 길이 5~15미터 미만의 빙산—옮긴이)'이라고 하는 작은 얼음 조각들이 아직 흩어지지 않은 채로 있다. 분리 전면이 110킬로미터에 이르는 훔볼트 빙하는 북반구에서 가장 넓은 빙하다.

알류샨 대회합. 매년 여름 1,800만 마리의 바닷새들이 폭증하는 북방크릴을 먹기 위해 베링 해 알류샨 열도 앞바다에 모여든다. 이 사진에는 슴새 떼 사이에, 잔치에 참석하려고 하와이에서부터 먼 길을 무릅쓰고 찾아온 또 다른 장거리 여행객 혹등고래가 합류하고 있다.

력을 증가시킨다. 이로 인해 얼음 댐이 무너지고 강이 터져 나온다. 강은 몇 분 만에 얼음 컨베이어벨트가 되어 강기슭을 휘젓고 나무를 성냥개비처럼 부러뜨린다. 얼음의 이동은 녹은 물이 강을 내달리는 속도를 따라잡지 못한다. 캐나다 매켄지 강에서는 단 30분 만에 수면이 12미터나 상승한 적도 있다. 그로 인한 범람과 얼음 피해액은 북미에서 매년 1억 6,000만 달러에 달한다. 그러나 거대한 북극의 강들은 북빙양으로 방출되면서 양분이 풍부한 5,000세제곱킬로미터 이상의 담수를 가져온다. 이는 전 세계 담수 유거수(run-off, 빗물이나 녹은 물 등이 하천으로 흘러들어가는 현상 또는 그 물의 양—옮긴이)의 10퍼센트에 해당되며, 북빙양에 양분을 공급하고 전체적인 염도를 낮춘다.

매년 러시아의 레나 강은 1,100만 톤이나 되는 엄청난 양의 실트(모래보다 작고 점토보다 큰, 지름 0.004~0.06밀리미터의 퇴적물 입자—옮긴이)를 퇴적시켜 앞바다에 최대 100킬로미터에 달하는 시커먼 기둥(플룸[plume])을 만들어낸다. 매년 이런 퇴적물이 모여 해안을 따라 거대한 삼각주가 만들어지며, 이곳은 엽조와 섭금류의 안식처가 된다. 또한 북빙양은 노르웨이 해류를 통해 대서양과 섞이기도 하고, 베링 해협을 통해 태평양과도 섞이는데, 물이 차고 양분이 풍부해서 생명체가 폭증한다.

알류샨 잔치

알류샨 열도는 알래스카로부터 뻗어 나와 베링 해와 태평양을 가르는 삐죽삐죽한 섬들로 이루어져 있다. 매년 여름, 사나운 폭풍이 열도 사이의 물길을 지나가는 강력한 해류와 합쳐져 태평양 심해의 물을 휘젓는다. 햇빛이 장시간 내리쬐어 식물성 플랑크톤이 급증하고, 덕분에 이를 먹이로 삼는 북방크릴도 폭증한다. 길이가 2센티미터도 안 되는, 새우같이 생긴 이 생물은 바다를 붉게 만들며 거대한 막을 형성하여 1,800만 마리 이상의 물새들을 끌어들인다. 수백만 마리의 쇠부리슴새들이 크릴 등장 시기에 맞춰 오스트레일리아와 뉴질랜드의 번식지로부터 6주에 걸쳐 1만 5,000킬로미터의 특별한 여행을 한다. 새 떼가 너무 조밀하여 하늘을 검게 뒤덮을 정도다. 서로 힘을 합쳐 공격하는 슴새들은 크릴을 잡기 위해 수심 50미터까지 잠수한다. 여기에 청어와 고등어가 합류하며, 이들은 다시 바다사자와 물개의 추격을 받는다.

가장 큰 몫을 차지하는 동물은 멀리 하와이로부터 오느라 잔치에 가장 늦게 도착하는 혹등고래다. 이들은 한꺼번에 많은 양을 삼켜버리는 '꿀꺽이'로, 에너지는 최대한 적게 쓰면서 먹이는 많이 섭취할 수 있도록 먹잇감이 많이 몰려 있는 곳을 선호한다. 평균

크기의 흑등고래는 하루에 플랑크톤, 크릴, 작은 물고기 떼들을 1톤씩 먹기도 한다. 엄청난 수의 슴새 떼 사이에서 먹이를 먹는 흑등고래들은 옆으로 굴러 대량의 물을 퍼올린 다음 먹이를 걸러내는데, 이때 고래의 열린 입을 피하지 못한 새들도 함께 걸러진다.

꽃피는 툰드라

북극 얼음의 남쪽에서 처음 만나게 되는 땅은 툰드라—나무가 없고 바람이 휩쓸고 지나가는 편평하고 바위투성이의 광활한 땅으로, 많은 부분이 과거 빙하시대의 얼음으로 덮여 있는 곳—다. 바위에는 가끔씩 주황색 녹색 또는 회색 지의류가 조금씩 보인다. 지의류는 극단적으로 건조하고 춥고 바람이 부는 여건을 견디기 위해 균류와 조류(藻類)가 서로의 재능을 합치며 조합을 이룬 것이다. 내한성이 커서 -273℃에 해당하는 절대영도에 가까운 냉동건조 상태에서도 죽지 않고 살아남는 지의류는 얼음이 후퇴하면서 노출된 맨땅에 가장 먼저 자리 잡는 생물이다. 실제로 지도이끼는 일정하고 느린 속도로 자라기 때문에 얼음의 후퇴 연대를 알아내는 데 이용되며, 어떤 표본은 9,000년 이상이나 되는 것도 있다.

　남쪽 먼 곳의 툰드라에는 여러 식물 군락이 모여 있다. 헤더, 크랜베리, 블루베리, 그리고 버드나무류처럼 키 작은 관목이 우세한 곳도 있지만, 툰드라 대부분은 사초류의 초원으로, 주로 봄에 보풀거리는 하얀 씨를 맺는 황새풀 종류로 이루어져 있다. 황새풀은 여기저기 무리를 지어 자라면서 덤불 툰드라(tussock tundra)를 형성한다. 땅이 너무 건조하지도 않고 너무 습하지도 않은, 바위가 많은 중습성 툰드라(mesic tundra) 지역에서는 야생화들이 무성하게 자란다. 북극점에서 970킬로미터밖에 떨어지지 않은 그린란드 북부에서 76가지 이상의 꽃피는 식물(현화식물, 속씨식물) 종이 확인되었다.

일 년 내내 머무는 동물들

여름이 되면 툰드라는 야생 생물로 가득 차는데, 대부분은 고대의 이주 경로를 따라 북쪽으로 온 것들이다. 매년 작은 들쥐에서 사향소에 이르기까지 크기가 다양한 48종의 육상 포유류에, 약 150종의 철새들이 합류한다. 그들은 먹이와 번식을 위해 툰드라에 오며, 가을이 되어 한기가 처음 찾아오면 남쪽으로 바로 날아가버린다. 얼마 되지 않는 텃새들—흰올빼미, 뇌조, 버들뇌조, 홍방울새, 큰까마귀, 흰매(세계에서 가장 크고 가장 북쪽에 사는 매)—은 북극의 겨울에 대비하여 촘촘한 깃털로, 흰올빼미와 뇌조는 발까지 덮인 깃털

위
서리가 덮인 고북극지방 툰드라의 베어베리와 지의류.

맞은편
시베리아 툰드라 지대인 러시아 타이미르 반도의 여름. 툰드라는 극빙관 바로 아래인 유럽·아시아·북아메리카의 위쪽에 걸쳐 있는 곳으로 나무가 자라지 않는 지대이며, 지구 표면의 20퍼센트를 덮고 있다. 겨울이 길고 온도가 -40℃까지 떨어지는 시베리아에서 영구동토(땅의 상층부 아래 영구적으로 얼어붙은 땅)가 깊이 600미터 아래까지 뻗어 있는 경우도 있다. 여름에는 눈과 얼음이 덮인 지역이 녹아 작은 연못, 즉 열카르스트(thermokarst, 영구동토에서 땅의 얼음이 녹아 생성되는, 표면이 불균일한 작은 웅덩이 등의 지형—옮긴이)를 형성하면서 습지를 만들어낸다.

로 단단히 무장하고 있다.

북극에서 겨울을 나는 동물들은 모두 밖에는 매끈하고 방풍이 되는 깃털을, 안에는 따뜻한 공기를 몸 가까이 잡아두는 솜털을 가지고 있다. 실제로 참솟깃오리(솜털오리류)의 솜털은 알려진 모든 재료 중 절연성이 가장 뛰어나다. 그 외에도 새들은 온기를 유지하려고 눈 속에 굴을 파거나, 열을 너무 많이 뺏기지 않으려고 한 발로 서서 시간을 보낸다. 발은 차가워지더라도 몸의 온기는 보존되도록 미동도 하지 않고 가만히 있기도 한다.

온도가 내려가기 시작하면 대형 포유류는 남쪽으로 이동한다. 50만 마리의 순록 역시 겨울을 나기 위해 남쪽 숲으로 돌아간다. 그러나 소형 포유류는 이동을 택하지 않는다. 목걸이레밍은 멀리 북쪽 엘즈미어 섬의 끝자락까지 가서 육상 포유류에게는 가장 긴 겨울을 견뎌낸다. 짧은 다리와 꼬리, 감춰진 작은 귀를 가진 이들의 몸은 포유류가 만들어낼 수 있는 가장 구형에 가까운 모습—열을 보존하는 데 가장 적합한 형태—을 하고 있다. 같은 크기의 설치류 중 가장 조밀한 겨울 털과 발바닥의 길고 억센 털이 열이 빠져나가는 것을 막아준다. 날이 짧아지면서 레밍의 털은 하얗게 변한다. 레밍은 색이 변하는 세계 유일의 설치류다.

붉은여우와 대조적으로 북극여우는 작은 귀, 짧은 주둥이, 발아래 털, 육상 포유류 중 단열이 가장 잘되는 것으로 조사된 하얀 털을 가지고 있다. 마찬가지로 북극늑대는 회색늑대에 비해 땅딸막한 다리, 둥근 귀, 짧은 주둥이, 하얀 털을 가지고 있다. 흰매와 흰올빼미 같은 사냥꾼들은 하얗기 때문에 먹잇감들로부터 몸을 숨길 수 있으며, 버들뇌조와 같은 다른 새들은 포식자들의 눈을 피하기 위해 하얗게 변한다. 그렇다면 큰까마귀는 왜 검은 채로 남아 있을까? 아마도 매나 올빼미에게 잡아먹히지 않을 정도로 크고 공격적인 데다, 어떤 환경에도 적응하여 먹이를 취할 수 있어 먹잇감에 몰래 다가갈 필요가 없기 때문인 듯하다.

세계에서 가장 큰 숲

툰드라의 어떤 지점부터는 성장이 억제된 구과식물(침엽수)이 널찍하게 간격을 두고 나타나기 시작한다. 이들은 선을 따라 자라는 경향이 있다. 그 선의 한쪽에는 툰드라가 있고 다른 쪽에는 나무들이 있는데, 선에서 멀어질수록 나무들의 키는 커지고 밀도는 높아진다. 수목한계선은 생장기가 충분히 길어지기 시작하는 지점이다. 남쪽으로 멀어질수록 생장기가 늘어나므로 이 선이 동서로 위도를 따라갈 것이라 생각할 수도 있다. 그러나 실

핀란드 타이가 숲의 겨울. 타이가는 지상 최대의 숲으로, 전 세계 나무 3분의 1 이상이 이곳에 존재한다. 거대한 숲 속의 나무들은 한두 종으로만 제한되어 있는데, 주로 구과식물이다. 구과식물의 침엽은 소화시키기 어렵기 때문에 생명체를 보기 어렵다.

제로 이 선은 토양의 질, 영구동토의 깊이, 바다나 산맥과의 근접성으로부터 영향을 받는 온도 등의 요인으로 인해 모양이 뒤틀린다.

허리 높이의 이런 나무들 사이에 서 있다면 당신은 지상 최대의 숲이 시작되는 지점에 있는 셈이다. 눈이 녹은 여름에 우주에서 타이가 숲(taiga forest, 북미에서는 북극수림대[boreal forest]로 알려져 있다)을 내려다보면 지구의 윗부분을 둘러싼 연속된 띠—바다에서만 끊겨 있다—처럼 보이기도 한다. 타이가의 광활함을 가장 잘 이해하는 방법은 러시아 동부의 블라디보스토크에서 서부의 모스크바까지 비행기를 타고 가는 것이다. 이는 시간대를 다섯 번이나 지나는 열 시간짜리 비행으로, 타이가 숲이 끝없이 펼쳐진 모습을 볼 수 있다. 실로 숨이 멎을 만큼 놀라운 광경이다.

타이가에는 전 세계 나무의 3분의 1 이상이 존재한다. 말하자면 열대우림의 나무를 합친 것보다 많다. 크기를 보면 다양한 동식물이 풍부할 것 같지만, 광활한 지역에 한두 종의 나무만 있는 경우가 흔하다. 동물도 비교적 드문데, 그 이유는 침엽수의 바늘잎(침엽)이 소화하기 힘들고, 떨어진 잎이 토양을 산성으로 만들어 무척추생물이 거의 먹고살 수 없기 때문이다.

그럼에도 불구하고 큰뇌조, 호저, 말코손바닥사슴 등 침엽을 먹고 생존할 수 있는 동물들이 드문드문 그곳에서 서식한다. 아시아와 북미는 한때 알래스카와 시베리아 사이의 베링 육교로 연결되어 있었으며, 동일한 동물들이 북극의 모든 육지에 서식했다. 따라서 동물들이 섞여도 그 변화는 놀라울 만큼 미미하다. 그리고 타이가에서의 생존 조건 역시 어디나 비슷하므로 동물들을 서로 다른 방향으로 진화하게 만드는 압력도 거의 없다.

여름이 되어 수많은 호수에서 알이 깨어나면 폭증하는 곤충들을 먹어치우기 위해 엄청나게 많은 이주 동물들이 유입된다. 특히 캐나다 북부 숲 등 주변부에서는 관목들의 열매로 잔치가 벌어진다. 그러나 가을이 되면 곤충들은 죽고, 열매와 씨앗 수확이 끝나고, 눈이 내린다. 그리고 타이가는 다시 소수의 내한성 거주자들만 서식하는 조용하고 신비로운 장소가 된다.

북극의 끝으로

타이가 숲 깊숙한 곳에서 남쪽으로 향한다면 우리는, 북극의 정의를 어떻게 내리나에 따라, 북극을 떠나려고 하는 것이기도 하고 이미 떠난 것이 되기도 한다. 그렇다면 과연 북극의 끝은 어디일까? 어떤 이들은 그것을 위도의 문제로 보고 북극은 북극권—북위 66° 33′, 극야와 백야(한밤의 태양)의 한계—이내라 말하지만 여기에는 어떤 생물학적 의미도 없다. 또 어떤 이들은 수목한계선을 중요한 구분선으로 보지만 타이가 숲에는 여전히 분명한 극지방의 느낌이 있다. 마지막으로 많은 생물학자들이 10도 등온선—가장 더운 달(7월)의 평균 온도가 10℃ 아래—을 써서 정의를 내리는데, 이는 북방 수목한계선을 꽤 충실히 반영한다.

얼어붙은 남빙양

남빙양(남극해)을 지나다 보면 진정으로 남극의 영역에 들어섰다는 느낌을 갖게 되는 지점이 있다. 바람은 빨라지고 바다는 더 거칠어지며 확실히 더 추워진다. 남위 50도와 60도 사이 바다의 띠, 극전선을 지난 것이다. 이곳은 남극대륙에서 북쪽으로 이동하는 차가운 표층수가, 열대지방에서 남쪽으로 이동하는 따뜻한 물과 만나 그 아래로 가라앉는 곳이다. 강력한 해류가 배를 동쪽으로 당기기 시작한다면 당신은 지금 강력한 남극환류를 경험하는 중이다. 남극환류란 남극대륙이 남미로부터 분리되어 바다로 둘러싸이게 된 3,400만 년 전에 형성된 해류로, 남극대륙을 전 지구 바다의 온기로부터 격리시키고 남극대륙 빙관의 성장을 촉발시켰던 것으로 여겨지고 있다.

남극환류는 오늘날 지구에서 가장 큰 해류로, 전 세계의 강을 다 합친 것보다 135배나 많은 양의 물을 이동시킨다. 이 해류는 지구에서 가장 강력한 바람 일부에 의해 서쪽에서 동쪽으로 밀려가는데, 이를 본 뱃사람들은 남쪽의 이 위도 영역을 '광란의 40(Roaring Forties)'과 '분노의 50(Furious Fifties)'이라 불렀다. 이 거센 바람은 육지로부터 어떤 방해도 받지 않은 채 바다를 휘저어 무서울 정도로 큰 파도를 만들며 대륙 주변으로 밀려들어온다.

뱃사람들에게는 심각한 도전의 대상이지만 남빙양은 지구 나머지 부분을 위해 매우 중요한 역할을 한다. 남빙양은 지구의 10~20퍼센트를 덮고 있는데, 정확한 수치는 북방 한계를 어디로 정의하느냐에 따라 달라진다. 남극환류는 남쪽 끝, 그리고 궁극적으로 북빙양에서 모든 내양을 연결하며 전 지구를 순환함으로써 북쪽에서 온 따뜻한 물과 남쪽에서 온 차가운 물이 교환되게 한다. 이를 통해 따뜻한 물은 차가워지고 차가운 물은 따뜻해지면서 지구의 기후가 유지된다.

더 멀리 남쪽으로 가면 총빙의 영역에 들어서게 된다. 이곳에는 피아노 크기의 '조각 얼음(brash ice)'에서부터 폭이 10킬로미터 이상이나 되는 '거대 부빙(giant floe)'이 떠다니는데 이들은 금속 선체를 은박지처럼 찌그러뜨릴 수도 있다. 겨울에는 남빙양의 반 이상이 얼어붙어 1,900만 제곱킬로미터의 해빙—북극에서보다 훨씬 더 넓다—을 만들어 내기 때문에 남빙양의 많은 부분은 통과할 수 없다. 해빙이 해안선에서 2,000킬로미터 이상 뻗어 나가기 때문에 남극대륙의 크기는 사실상 두 배가 된다.

봄에는 이런 얼음의 거의 3분의 2가 사라진다. 말하자면 미국의 거의 두 배만 한 면적의 얼음이 녹는 것이다. 겨울에 외양으로 먹이를 먹으러 북쪽으로 떠났던 남극대륙의 야생 생물 대다수가 먹이와 번식을 위해 돌아오면서 바다에는 생명이 폭증한다.

동남극대륙의 해안에서 떨어져 나온 해빙. 이런 부빙은 폭이 10킬로미터 이상이 될 수도 있어서 이 지역으로의 항해를 대단히 위험하게 만든다.

맞은편

웨들 해 애드미럴티 만의 얼음 사이 물길에서 숨을 쉬기 위해 수면으로 올라온 게잡이물범들. 남극 물범 중 군거성이 가장 뛰어난 게잡이물범들은 종종 수백 마리씩 떼를 지어 헤엄을 치고, 거의 동시에 숨을 쉬고 잠수한다. 이들은 일 년 내내 남극의 총빙 사이에서 지내며, 겨울과 봄에는 수면으로 올라와 숨 쉴 수 있는 넓은 물길에 의존한다. 게잡이물범의 수는 700만 마리에서 7,500만 마리로 추정된다.

대형 포식자와 아주 작은 먹이

대부분의 사람들은 풍요로운 바다라면 어류도 매우 다양하리라고 생각할 것이다. 남빙양은 그렇지 않다. 전 세계 2만여 종의 어류 중 극전선 남쪽에서 발견되는 것은 120종뿐이다. 북극에 청어, 열빙어, 까나리의 거대한 무리들이 넘치는 것으로 보아 추위는 문제가 아닌 듯하다. 그보다는 남극대륙이 북극보다 훨씬 더 깊은 대륙붕에 둘러싸여 있어서 어류가 알을 낳을 수 있는 얕은 해저가 별로 없기 때문일 가능성이 높다.

남빙양에 등장하는 어류의 85퍼센트는 심해에 의해 다른 바다와 차단된 이곳에서만 발견되며 세계에서 가장 차가운 바다의 삶에 특별히 적응되어 있다. 이들 대부분의 혈액에는 결빙 방지 물질이 들어 있어 통상적으로 결빙 상태에 가까운 바다에서의 생존을 가능케 한다. 헤모글로빈은 대부분의 동물들이 신체에서 산소를 운반하는 데 사용하는 색소인데, 15종의 바다뱅어류는 추위 속에서 대사 작용의 속도를 늦춰서 혈액에는 겨우 1퍼센트의 헤모글로빈만 들어 있다. 따라서 이들은 유령처럼 하얗다. 이들은 필요한 약간의 산소를, 산소가 풍부하고 폭풍이 몰아치는 남빙양의 찬 바닷물에서 흡수하며 혈장으로 운반한다.

먹이동물로서든 포식동물로서든 어류는 남빙양의 먹이사슬에서 차지하는 비중이 비교적 작다. 주요 먹이는 방대한 수의 오징어와 크릴이다. 주요 포식자는 조류와 포유류인데, 그것은 아마도 이들이 따뜻한 혈액을 가지고 있고, 에너지를 보다 잘 저장하고, 먹이를 찾아 먼 거리를 이동할 수 있기 때문일 것이다. 이런 특성들은 먹이 분포가 고르지 않고 예측이 불가능한 바다에서는 매우 중요한 것들이다.

북극에서처럼 짧은 극지방의 여름은 플랑크톤을 크게 증식시키고, 이는 다시 남극크릴을 폭증시킨다. 그 어떤 단일 종보다 양이 많다고 알려진 크릴은 별개의 큰 무리를 형성하는 경향이 있다. 크릴을 먹는 포유류와 바닷새들은 크릴이 없었다면 황량했을 바다에서 가끔씩 나타나는 횡재를 찾아 멀리, 그리고 넓은 지역을 다녀야 한다. 대왕고래, 참고래, 남극밍크고래, 보리고래, 혹등고래, 남방흑고래 같은 수염고래류는 물에서 크릴을 걸러내는 털 달린 빗을 가지고 있다. 이들은 모두 먹이 섭취를 위해 봄에 도착한다.

향고래와 범고래 등 몇몇 이빨고래류도 남극대륙 앞바다에서 볼 수 있다. 심해 오징어를 먹기 위해 찾아오는 향고래는 드물지만, 범고래는 널리 퍼져 있다. 범고래는 유일하게 포유류를 잡아먹는 고래이기도 하다.

벨린다 산에서 나온 재가 턱끈펭귄들이 있는 빙산을 덮고 있다. 이 화산은 2001년에 분출하기 시작했으며, 사우스조지아 남쪽에 자리한 사우스샌드위치 제도 몬터규 섬의 크기를 넓혀놓았다. 그러나 급경사의 얼음과 바위벼랑은 턱끈펭귄들이 이 섬에서 번식하는 것을 방해한다.

얼지 않는 섬들

1775년, 아남극의 섬 사우스조지아를 발견한 쿡 선장은 크게 실망했다. 이 섬의 해안을 처음 봤을 때 그는 테라 인코그니타(Terra Incognita)—미지의 땅이자 초기 극지 탐험가들의 성배(남극대륙)—에 도착했다고 생각했다. 그러나 남단에 이르러 자신이 발견한 것이 그저 섬 하나에 불과하다는 것을 깨닫고는 그 섬의 마지막 곳에 '실망봉(Cape Disappointment)'이라는 이름을 붙여주었다. 오늘날 여행자들은 수평선에서 아남극의 섬이 보이면 안도의 한숨을 쉰다.

따로 떨어져는 있지만 이들 섬에는 대단히 풍부한 생물이 서식한다. 섬들은 극전선을 따라 고리 모양으로 흩어져 있으며, 그중 가장 큰 것이 사우스조지아다. 그 외에 바람에 노출되어 있고 거의 얼음으로 뒤덮인 작은 섬 부베, 오스트레일리아 동남부에 자리한 허드 섬, 활화산 섬인 사우스샌드위치 제도 등이 있다. 이들은 모두 매우 중요한 공통점을 가지고 있다. 그것은 바로 좀처럼 해빙에 갇히지 않는다는 점이다. 이는 번식과 섭식을 바다 접근성에 의지하는 많은 남극 동물들에게 대단히 매력적인 조건이다. 얼음 위에 직접 알을 낳을 수 없고 날아갈 만한 거리에 있는 해안 바위도 부족하기 때문에 남극의 많은 새들은 번식을 위해 이들 섬을 필요로 한다.

펭귄에게 딱 맞는 땅

남극대륙의 포유류들은 고래류 외 물범류로 모두 해양동물이며 겨울이 되면 이들 중 대부분은 북으로 향한다. 육지에 기반을 둔 포식자가 없다는 것은 엄청난 결과를 낳았다. 남극대륙을 방문한 사람들은, 두려움 같은 건 아예 없고 게다가 조류이면서도 날지 않는 야생 생물을 목격한다. 바로 펭귄이다.

봄이 되면 얼지 않는 아남극 섬의 모든 해안선은 알을 품은 새들과 새끼를 낳는 물범들로 빽빽하다. 알을 품을 때는 예외 없이 노출된 바위가 필요하지만 남극대륙의 거의 모든 종들은 기본적으로 바다의 삶에 적응하고 있고 바다를 통해 먹이를 구한다. 어떤 것들은 몇 년씩 바다를 돌아다니다 오직 번식을 위해서 섬으로 오기도 한다. 전 세계 300종의 바닷새 중 45종만이 이곳 극남에서 발견되지만 부족한 다양성은 개체수가 보완한다. 이곳에는 2,000만 쌍의 펭귄들이 번식을 한다. 굴에 둥지를 틀어 수를 세기가 힘들긴 하지만, 바다제비류도 1억 5,000만 마리나 된다.

알바트로스류와 바다제비류는 생물학적으로 같은 목(슴새목—옮긴이)에 속한다.

그러나 나그네알바트로스는 날개 길이가 세계 최대로 3.5미터나 되며 지구를 한 바퀴 돌 수도 있는 반면, 윌슨바다제비는 참새보다도 크지 않으며 발끝으로 파도에서 파도를 옮겨 다닌다. 이들의 부리 위에는 모두 희한하게 생긴 관 같은 콧구멍이 있어서, 이것을 사용하여 여분의 염분을 배출하는데, 담수에 접근할 수 없는 새들에게 이것은 매우 중요하다.

남쪽으로 갈수록 황량해지지만 아남극의 섬들은 덤불풀, 심지어는 꽃이 피는 식물까지 있어 놀라울 정도로 푸르다. 이들은 남미의 안데스 산맥과 남극대륙의 산들을 잇는 해저산맥 스코샤아크를 따라 자리하고 있다. 가장 수가 많고 큰 군도는 길이가 540킬로미터에 달하는 사우스셰틀랜드 제도다. 겨울에는 해빙으로 둘러싸이지만 남빙양이 그곳의 기후를 누그러뜨려주며, 둥지를 트는 수백만 마리의 새들에게 필수적인 눈이 없는 넓은 면적의 바위를 제공한다.

대륙의 끝

1820년 탐험가 에드워드 브랜스필드와 윌리엄 스미스는 짙은 안개를 헤치며 사우스셰틀랜드 제도에서 남쪽으로 항해한 뒤 마침내 해안선을 보았다. 나중에 해군 하급장교는 그 장면이 "상상할 수 있는 한 가장 음울한 광경이었고 그 광경에서 유일하게 사기를 북돋운 것은 이것이 오랫동안 찾던 남쪽의 대륙일지도 모른다는 생각이었다"라고 썼다. 그들이 남위 64도에서 만난 것은 남극반도의 북단이었다. 오늘날의 방문자들에게 환영 인사를 하듯, 이 반도는 손을 길게 뻗은 모양을 하고 있다.

매년 여름 얼음은 멀리까지 후퇴하여 남극반도 해안선 대부분은 바다로 이어진다. 그 결과 해양 기후는 대륙의 다른 부분보다 훨씬 온화하다. 이곳이 남극대륙에서 가장 온화한 곳으로, 대륙의 야생 생물 대부분이 생존하는 대단히 아름다운 지역이다. 눈이 덮이고 경사진 산들이 바다로 곧장 곤두박질친다. 남극대륙 중 얼음이 없는 0.32퍼센트가 대부분 바로 이곳에 자리하며, 번식 중인 새들로 뒤덮여 있다. 얼음이 물러나면서 남쪽으로 온 고래는 여행을 멈추고 거울 같은 만에서 먹이를 섭취하며, 물범은 부빙을 흩뜨린다. 아남극 섬에서 자주 볼 수 있었던 코끼리물범과 물개는 얼룩무늬물범과 게잡이물범으로 대체된다. 게잡이물범은 그 수가 1,500만 마리나 되는 것으로 여겨져, 인간 다음으로 가장 흔한 대형 포유류가 되고 있다. 가장 강인한 물범은 웨들물범으로, 이들은 가장 남쪽에서 살며 지독하게 추운 남극의 겨울 내내 포유류 중 유일하게 이곳에 머무른다.

　　해안을 따라 계속 가면 바다는 수면을 오르락내리락하면서 전진하는 아델리펭귄들
로 활기를 띤다. 매년 500만 마리가, 대륙을 둘러싸고 있는 161개 군서지 중 하나—곶,
해변, 비탈 등 얼음이 없는 곳이라면 어디든지—에서 번식을 하려고 돌아온다. 아델리펭
귄의 최남단 군서지는 로이즈 곶에 있다. 소수의 나는 새들—도둑갈매기류와 바다제비
류—만이 내륙 멀리까지 날아가는 모험을 하는데, 내륙에서 생존하려면 생물은 고도로
특화되어야 한다.

눈화산

로이즈 곶의 아델리펭귄 군서지 바로 뒤로는 세계 최남단 활화산(3,794미터)이 어렴풋이
보인다. 영국의 탐험가 제임스 클라크 로스가 1841년에 에러버스 산(그의 선박 두 척 중
하나에서 이름을 따왔다)을 발견했을 때 이 산은 "화염과 연기를 엄청나게 내뿜으며 분출
하고 있었고…… 일부 장교들은 측면에서 용암 줄기가 흘러나와 눈 아래로 사라지는 모
습을 보았다고 믿었다." 오늘날 이 산에서 끊임없이 나오는 회색 연기 기둥은 그 심장부
에 용융 상태의 용암호가 있음을 보여주는 유일한 표시가 되고 있다.

　　1908년 영국의 섀클턴 탐험대가 최초로 에러버스 산에 올라가기는 했지만 용암호가
발견된 것은 1972년의 일이었으며, 그때 이후 이 화산은 연중 내내 관찰되고 있다. 연구
팀들은 에러버스가 먼 곳까지 미치는 영향을 관찰하기 시작했으며 화산의 지속적인 분출
이 전 세계 날씨 유형에 어떤 영향을 미치는지 분석하고 있다.

　　이 화산의 상부 측면에 있는 희한한 얼음탑, 즉 분기공(fumarole, 화산성 증기와 기체
가 분출되는 화도—옮긴이) 아래에는 기체와 증기에 의해 녹아 생긴 얼음동굴들이 자리
한다. 이 얼음동굴들은 화산이 열과 기체를 얼마나 방출하느냐에 따라 지속적으로 커졌
다 작아졌다 하는데, 그 안쪽으로는 약 32℃의 온도가 유지된다.

　　각 동굴의 방은 섬세한 깃털 구조에서부터 최대 60년이나 걸려 자란 육각형 구조에
이르기까지 서로 다른 얼음 결정체들이 장식하고 있다. 얼음 결정체는 눈송이처럼 각각
독특하며 놀랄 만큼 아름답다. 2009년 과학자들은 동굴에서 본격적으로 이들의 지도를
작성하고 표본을 채취하기 시작했다. 과학자들은 이러한 얼음 결정체의 일부는 습하고
따뜻한 동굴 내부에서 번성하는 극한성 미생물 박테리아에 의해 시작되어 살아 있는 것
일지도 모른다고 추측하고 있다.

웨들 해에서 로스 해까지 남극대륙에 걸쳐 있는 남극횡단산지. 총 길이 약 3,200킬로미터, 폭 100~300킬로미터에 달하는 남극횡단산지는 남극대륙의 동부와 서부를 가로막고 있으며, 지구에서 가장 긴 산맥 중 하나다.

남극을 가로지르는 장벽

에러버스 산 정상에서 남쪽을 바라보면 위압적인 남극횡단산지의 모습이 보인다. 가장 길고 가장 웅대한 남극횡단산지는 남극대륙의 한쪽에서 다른 쪽까지 3,200킬로미터나 뻗어 있다. 남극대륙을 동서로 나누는 남극횡단산지는 동남극빙상을 저지하고 있다. 이 산맥은 1841년 제임스 클라크 로스가 발견했으며, 이 때문에 로스는 자남극(실제로는 바다에 있다)에 도달하지 못했다. 그의 뒤를 이은 탐험가들도 마찬가지였다. 로버트 스콧과 로알 아문센만이 이 무시무시한 산맥에 틈을 만드는 비어드모어 빙하와 악셀헤이베르그 빙하를 발견하고 올라가, 지리상의 남극점에 도달할 수 있었다.

남극횡단산지는 오스트레일리아에서 발견되는 것과 비슷한 고대의 암석—남극대륙이 거대한 초대륙의 중앙에 있던 시절의 유산—으로 이루어져 있으며, 이 암석들은 태즈메이니아와 연관되어 있다. 거의 수평인 퇴적사암층 사이사이에는 화산활동이 남긴 암갈색 조립현무암층이 있다. 봉우리에는 생명체가 없지만 암석에는 한때 이곳에서 식물과 나무가 자랐음을 보여주는 증거가 화석으로 남아 있다.

건조한 심장부에서 사는 극한의 생명체

얼음 대륙의 드라이밸리(Dry Valleys, 남극대륙에서 얼음이 없는 일련의 계곡들이 자리한 지역. 주요 계곡으로 테일러밸리, 라이트밸리 등이 있으며, 호수와 강이 발견된다.—옮긴이)는 화성에 있어도 어색하지 않을 것 같은, 노출된 적갈색 땅이다. 남극횡단산지 덕에 영구적으로 얼음이 얼지 않는 이곳은 남극대륙에서 얼음 없이 이어지는 가장 방대한 육지다. 사실 드라이밸리는 남극대륙에서 물(빙하에서 녹은 물)이 흐르는 소리를 들을 수 있는 몇 안 되는 지역 중 하나다. 또한 이곳은 연평균 기온이 -17℃로 비교적 따뜻하다. 이는 시속 320킬로미터의 속도로 부는 따뜻하고 건조한 바람 덕분이다. 바람이 따뜻한 이유는, 바람이 하강하며 압축되는 과정에서 열이 발생하기 때문이다. 또한 바람은 건조하여 어쩌다 이곳에 내리는 비와 우연히 만나기라도 하면 떨어지는 빗물을 증발시킨다. 때문에 과학자들은 내리기는 하지만 땅에는 닿지 않는 비를 관찰했다고 보고하기도 한다.

이렇게 살기 어렵고 표석으로 뒤덮인 풍광 사이를 걷다 보면 스콧이 드라이밸리 중 한 곳을 "망자의 계곡(valley of the dead)"이라 부른 이유를 이해하게 될 것이다. 그러나 실제로 이곳에는 생명이 넘쳐난다. 물론 그것을 보려면 현미경이 필요하겠지만 말이다. 매년 여름 기온이 어는점이나 그 이상까지 올라가면 빙하 위의 태양은 작은 강들을 만들

어내 담수호에 물을 공급한다. 덕분에 계곡이 살아나고 냉동건조된 강바닥의 조류와 바싹 마른 땅 위의 선충류가 되살아난다. 홍조류와 주황조류가 강바닥에 줄무늬를 만들어내고, 흑조류는 타버린 팝콘 부스러기처럼 가장자리에 줄지어 선다. 녹조류는 너무나 넓게 깔려 있어 바닷말처럼 보일 정도다. 이것이 바로 선충류가 조류, 효모, 박테리아, 다른 선충류 등을 먹는 간단한 먹이사슬의 시작이다.

드라이밸리의 또 다른 극한 생태계는 공기나 햇빛 없이 수백만 년을 살아남은 미생물들의 군체다. 이들은 대사 작용의 핵심 부분에서 산소보다는 철과 황산이온을 사용하는 것으로 보이며, 이는 얼어붙은 블러드 폭포가 철로 물들어 선홍색을 띠는 이유이기도 하다.

라이트밸리는 남극대륙에서 가장 긴 강이자 라이트로어 빙하에서 물을 공급받는 오닉스 강의 발상지다. 오닉스 강은 남극의 짧은 여름에 단 몇 주 동안만 흐르는 수명이 짧은 강으로, 약 32킬로미터를 흘러 반다 호로 들어간다. 반다 호는 일 년 내내 얼음에 덮여 있지만, 바닥의 물 온도가 25℃로 상온이며 바다보다 여덟 배는 더 짜다. 가까이에 있는 돈후안 호는 지구에서 가장 짠 호수로 여겨지며, 너무 짜서 어는 법이 없다. 이들 호수의 기슭에는 수천 년 전 드라이밸리로 흘러들어왔다가 극한의 여건에서 살아남지 못하고 미라가 된 물범들의 사체가 있다.

오늘날 드라이밸리의 생물들은 최소한의 기후 변화로도 큰 재앙을 맞을 수 있는 극한의 생존을 견디고 있다. 따라서 과학자들은 이곳에서 기후 변화의 초기 영향을 목격할 가능성이 있다고 믿는다.

드라이밸리의 표면 곳곳에는 육감적인 곡선과 반들거리는 면을 가진 자연의 특별한 조각과 풍릉석이 존재한다. 마치 석조각 장인의 작품처럼 보이는 이것은 모두 바람이 만들어낸 작품이며, 바람이 사용한 도구는 수천 년 동안 암석을 강타한 모래와 얼음 알갱이들이다. 풍릉석은 손가락만 한 것에서 집채만 한 것에 이르기까지 그 크기가 다양하다. 고전적인 것은 피라미드 모양으로, 평평한 면들이 선명한 각을 이루며 만나고 부드러운 검은 광택을 낸다. 거북이, 코끼리, 새에서 우주선에 이르기까지 모든 것을 닮은 환상적인 형상은 타포니(tafoni)라 불리는데, 이는 바람과 화학적 풍화작용(염분이 바위와 반응하여 바위를 약화시킨다)에 의해 만들어졌다. 이들은 모하비 사막과 사하라 사막에 있는 것들처럼 고전적인 사막 구조물이다.

얼어붙은 남극대륙 심장부에 위치한 드라이밸리 중 하나의 입구에 있는 가고일 능선. 타포니라고 불리는 이런 지형은 바람과 화학적 풍화작용에 의해 형성되었다.

맞은편
남극대륙에서 얼음이 없는 드라이밸리의 일부분으로 밀려들어온 턴어바우트 빙하. 암석의 줄무늬는 이 지역 특유의 것이다. 지질학적으로 조용했던 시기에 강과 호수에 의해 침전된 금빛의 사암이. 용융된 암석의 침입으로 형성된 좀 더 짙은 색의 조립현무암과 교대로 보인다.

빙관 중의 빙관

드라이밸리의 상부에서는 남극횡단산지가 남극의 빙관이 흘러내리는 것을 막아내고 있다. 이렇게 댐 역할을 하는 남극횡단산지는 라이트밸리 꼭대기에서 틈이 나 있고 얼음이 흘러넘친다. 공중에서 보면 에어데브론식스 빙폭(얼음폭포)은 마치 중력에 도전이라도 하듯 마천루만 한 얼음덩어리를 붙이고 선 거대한 얼어붙은 폭포처럼 보인다. 막을 수 없는 얼음의 힘을 극적으로 과시하는 것이 얼음폭포이긴 하지만 그 무엇도 얼음폭포 뒤 장관의 규모를 가늠할 수 있게 해주지는 못한다.

고도를 높여 올라가보면 지상 최대의 남극빙관이 눈앞에 펼쳐진다. 남극빙관은 그린란드 빙상을 왜소하게 보이게 할 정도다. 열 배나 많은 얼음이 오스트레일리아의 두 배쯤 되는 면적을 덮고 있기 때문이다. 평균 두께는 2,160미터지만 아델리랜드에서는 최대 두께가 4,776미터에 달한다. 바로 이렇게 거대한 부피의 얼음이 남극대륙을 지구에서 가장 높은 대륙으로 만들어준다. 남극대륙은 그 어느 곳보다도 높이가 세 배 이상 높다. 실제로 유럽의 알프스 산맥 높이만 한 산맥 전체가 얼음 밑에 묻혀 있다.

1958년 러시아인들이 감부르체프 산맥을 발견했다. 1,200킬로미터 길이의 이 산맥의 높이는 약 2,700미터로 추정되며, 그중 600미터 이상은 얼음과 눈에 파묻혀 있다. 현재 모형에 의하면 이 산맥에서 미끄러지기 시작한 빙하로부터 동남극빙상이 형성되었을 수도 있다고 한다. 이 얼음은 약 4,000만 년 전에 형성되기 시작했고, 오늘날 전 세계 담수의 75퍼센트와 전 세계 얼음의 90퍼센트가 이곳에 갇혀 있다. 이 빙관이 녹는다면 전 지구의 해수면은 65~70미터 상승하고 세계의 모든 주요 해안도시는 침수될 것이다. 남극대륙 자체도 엄청난 얼음 무게로부터 해방되어 450미터나 상승할 것이다.

남극빙관 앞에 서면 누구나 겸손한 마음을 가질 수밖에 없다. 얼음은 대륙의 가장자리에서부터 남극점까지 2,500킬로미터에 걸쳐 있으며, 육중한 산맥의 끝에서 가끔씩 뚫려 있다. 그 어느 곳도 이처럼 생명과 고금의 탐험가들에게 적대적인 곳은 없었으며, 그 어느 곳도 이처럼 도전적인 곳은 없었다. 대기는 너무 건조해서 눈은 놀랄 만큼 적게 내린다. 남극대륙의 연평균 적설량은 겨우 5센티미터다. 북극지방의 적설량도 50센티미터에 불과하다. 그러나 내린 눈은 추위 때문에 오래 남아 있게 된다. 남극대륙과 그린란드의 진정한 빙관 위에서 눈은 절대 사라지지 않는다.

그 어떤 사진이나 글도 남빙양 빙산의 규모를 짐작하게 해주지는 못한다. 북극에서는 세제곱야드(1세제곱야드는 약 0.76세제곱미터—옮긴이) 단위로 측정되던 빙산이 남

남극횡단산지 너머로 우리 행성 최대의 얼음 밀집지인 남극빙관이 자리하고 있다. 어떤 곳에서는 빙관의 두께가 거의 5,000미터에 달하기도 한다. 남극빙관에는 전 세계 얼음의 90퍼센트가 있으며, 모든 담수의 거의 75퍼센트가 갇혀 있다. 산맥 전체가 얼음 아래 잠겨 있다.

극에서는 세제곱마일(1세제곱마일은 5,451,776,000세제곱야드에 해당—옮긴이) 단위로 측정되는데 그 크기가 작은 나라만 할 때도 있다. 지금까지 기록된 가장 큰 빙산은 길이 330킬로미터, 폭 100킬로미터—벨기에보다 크다—로, 1956년 남태평양 스콧 섬 서부 240킬로미터상에서 목격되었다. 빙산의 90퍼센트 이상은 남극대륙 빙붕에서 만들어진다. 거대한 얼음판인 빙붕은 육지에 붙어 있으며, 빙관에서 미끄러져 내려오는 빙하가 그 공급원이다. 빙붕 중 가장 큰 것은 로스 해 위쪽에 있으며, 프랑스 크기만 한 면적을 덮고 있다.

극점의 문제

새해 첫날이 되면 한 무리의 사람들이 -40℃의 추위를 무릅쓰고 남극대륙 빙관 위의 남극점, 지구 자전의 남쪽 축을 표시하는 소박한 막대 주변에 모여든다. 그 둘레를 걸으면 세계를 한 바퀴 걸어서 돈 셈이 된다. 남극점은 움직이지 않지만 그 위의 빙상은 해변을 향해 가차 없이 미끄러져 내리며 해마다 약 9미터씩 움직인다. 그래서 이 남극점 표지는 GPS를 사용하여 남위 90도로 매년 그 위치가 조정된다. 노르웨이의 탐험가 로알 아문센이 1911년 12월 13일 남극점에 도착했을 때 그는 자신이 과연 그곳에 도달했는지 알아내기 위해 태양의 위치를 점검해야만 했다. 세계는 몇 달 뒤 아문센이 태즈메이니아에서 자신의 성공을 전보로 알려왔을 때에야 비로소 그의 위업을 알게 되었다. 전보는 간단명료했다. "극점 도달 12월 14일에서 17일." 그가 이 전보를 보냈을 당시 로버트 스콧과 그의 대원들은 식량이 비축된 저장소에서 겨우 18킬로미터 떨어진 곳의 텐트 안에 누워 죽어가고 있었다. 그들은 아문센보다 한 달 뒤에 남극점에 도달했다.

그곳에 도달했을 때 스콧이 한 말에는 지독한 실망감이 드러난다. "극점. 그렇다. 하지만 예상했던 것과는 매우 다른 상황이다." '다른 상황'이란 자기가 표지를 세우고자 했던 곳에서 아문센의 표지를 발견했다는 뜻이다.

100년 전 스콧과 아문센이 남극에 도달했을 때 그들이 이룬 성취는 인간의 궁극적인 노력과 인내, 엄청난 국가적 자긍심의 원천으로 간주되었다. 오늘날 극지방은 다소 다른 의미에서 중요성을 지닌다. 이제 우리는 그곳에서 일어나는 일이 우리 모두와 관련이 있다는 것을 알게 되었다.

2장 | 봄

깨어나는 생명

완전한 암흑 속에서 몇 달을 보내고 나면 고북극지방(High Arctic, 북위 75도 이북의 지역으로, 주로 북극점과 캐나다, 러시아, 스칸디나비아, 그린란드 사이의 섬들을 말한다.—옮긴이)에서는 모두들 태양이 돌아오기를 기다린다. 북극점에서 남쪽으로 불과 1,126킬로미터 거리에 있는 스발바르에서는 2월 14일이 되면 태양의 주황색 테두리가 수평선 위로 반짝인다. 실질적으로 봄의 첫날이 시작되는 것이다. 두 달이 지나 4월 19일이 되면 태양은 수평선 위에서 24시간 내내 중단 없이 빛을 발산할 것이다. 이곳에 사는 극소수의 사람들에게 이러한 간절기의 어스름한 광선은 매우 특별하다. 이는 이동하기에 충분한 빛이며, 낮게 뜬 태양은 해빙과 눈 덮인 산들을 연분홍색, 주황색, 파란색으로 물들인다. 그래도 온도는 여전히 −30℃다.

해빙이 내려다보이는 눈 덮인 비탈 높은 곳에 있는 굴 속에서는 북극곰 새끼들이 소젖보다 영양분이 열 배는 많고 지방이 33퍼센트나 되는 어미의 젖을 먹고 빠르게 자란다. 그러나 생후 3개월쯤 되는 3월 중순이나 되어야 밖으로 나갈 수 있다. 이때쯤이면 가을부터 먹지 못한 어미는 체중의 3분의 1 이상을 잃게 된다. 어미는 조용하고 바람이 불지 않는 날을 택해 마침내 눈의 자궁을 깨뜨리고 바깥세상으로 나온다. 맨 처음 눈 밖으로 삐져나오는 것은 어미의 긴 코다. 그런 다음 어미는 밖으로 나와 비탈을 미끄러져 내려간다. 이것은 아마도 털을 깨끗이 하는 데 도움이 되는 듯하며, 재미있어 보이기도 한다. 곧이어 굴 구멍으로 새끼들의 작은 얼굴이 밝은 봄 햇살에 눈을 찡긋거리며 나타난다. 어미는 새끼들을 불러 새로운 바깥세상을 탐험하도록 격려한다.

2주 동안 북극곰 가족은 굴 근처에 머물다가 날씨가 나빠지면 언제든지 따뜻한 굴로 되돌아간다. 그들은 시간의 85퍼센트를 굴에서 보내며 밤에도 그곳에서 잔다. 그러나 매일 낮이 되면 어미는 더 멀리 가자고 새끼들을 부추긴다. 굶주린 어미는 하루빨리 바다로 나가 사냥을 하고 싶어 한다. 새끼 곰들의 등장 시기는 초봄에 맞춰지는데, 이 시기는 해빙이 아직 스발바르를 둘러싸고 있고 고리무늬물범이 번식을 위해 돌아와 있는 때다. 그러나 북극곰 수컷 역시 해빙 위에서 사냥을 하며, 짝짓기를 위해 암컷을 찾아 나선다. 그들에게 새끼 곰들은 그저 먹이에 불과하다.

새끼와 함께 돌아다니려면 아주 천천히 움직이고, 또 젖을 주기 위해 자주 멈춰야 하기 때문에 어미 곰은 특히 주의를 기울일 필요가 있다. 때로는 깊은 눈이나 물을 건너기 위해 새끼들을 등에 태워야 한다. 그러나 어미가 첫 번째 사냥을 할 즈음이면 새끼들은 서너 달쯤 자라 고기를 먹을 수 있게 된다.

등장. 어미 곰이 비탈 위의 새끼들을 달래 출산굴에서 내려오게 하고 있다. 굴은 얼어붙은 바다가 내려다보이는 스발바르의 눈 덮인 비탈에 자리하고 있다. 새끼 세 마리 중 가장 작은 것은 얼음 위에서 첫해를 넘기지 못할 가능성이 크지만. 어미의 물범 사냥이 잘될 경우 세 마리 모두 첫 겨울을 넘기기도 한다.

맞은편

겨울철 스발바르의 어스름한 빛. 태양이 지평선 근처에 있어서 빛의 색이 바뀐다.

뒷장

첫 나들이. 어미는 출산굴을 떠나 아래쪽 해빙으로 가기로 결심한다. 해빙에서 어미는 그해 들어 첫 번째 식사를 하기 위해 사냥을 할 수 있다.

짝 찾기

북극곰은 후각이 뛰어난 동물이다. 1.5킬로미터 떨어진 곳의 얼음 밑에 있는 새끼 물범의 냄새도 맡을 수 있다고 여겨지며, 수컷은 냄새를 이용해 발정기의 암컷을 찾아낸다. 수컷은 매일 자신이 적당한 암컷을 쫓고 있는지 자주 냄새를 맡아 확인하면서 암컷의 발자국을 뒤쫓는다. 성비는 동일한데, 암컷은 3년에 한 번씩만 새끼를 낳기 때문에 수컷들의 경쟁은 치열하다.

수컷 두 마리가 같은 암컷을 뒤쫓을 경우 그들은 승자가 나올 때까지 싸움을 계속한다. 뒷다리로 서서 맞붙어 싸우며 서로의 살점을 뜯어내려 한다. 둘의 힘이 엇비슷하면 싸움은 한 시간 이상 지속되기도 한다. 결국 패자에게 남는 것은 피범벅이 된 상처뿐이다. 승자는 암컷을 꾀어 섭식지나 잠재적 적수들로부터 멀리 떨어진 높은 곳으로 데리고 간다.

그 다음 며칠간 암컷은 확실하게 교태를 부리고 수컷은 열심히 신경을 쓴다. 이들은 한 쌍의 새끼 곰처럼 눈에서 뒹굴며 논다. 암컷은 여러 차례 짝짓기를 한 뒤에야 배란을 하므로 이들의 결혼식은 최대 3주씩 지속되기도 한다. 그러나 수컷은 새끼를 기르는 데 아무런 역할을 하지 않으며, 암컷과 수컷은 아마 다시는 만나지 않을 것이다. 실제로 암컷이 또 다른 수컷과 짝짓기를 하여 아비가 다른 새끼들을 낳는 경우도 있다.

먹이 사냥

고리무늬물범은 북극지방에 가장 많은 대형 포유류로, 개체수가 700만 마리에 달할 수도 있다. 이들은 북극곰의 주요 먹이로, 북극곰은 4월에서 7월 사이에 대부분의 사냥을 마친다(먹이의 90퍼센트 이상을 획득한다). 이 시기는 얼음이 아직 남아 있어 지방이 많은 물범을 사냥하기 좋은 계절이다. 사실 해빙에서 새끼를 낳는 모든 북극 물범들의 생활사는 북극곰의 포식 위협에 의해 좌우된다.

하프물범과 두건물범은, 북극곰의 위협을 피해 남쪽 멀리 깨진 총빙 사이에서 새끼를 낳는다. 그러나 움직이는 얼음은 그 자체가 위험하므로 물범들은 새끼가 헤엄을 칠 수 있도록 가능한 한 빨리 젖을 떼려 한다. 두건물범의 젖은 영양분이 매우 많아서 60퍼센트가 지방이다. 따라서 새끼는 겨우 4일 만에 바다로 도망갈 수 있게 되는데, 이는 포유류 중 가장 짧은 이유기에 해당한다.

고리무늬물범은 얼음이 단단한 훨씬 북쪽에서 새끼를 낳는데, 덕분에 북극곰들은 이들을 쉽게 잡을 수 있다. 고리무늬물범이 젖을 떼기까지는 6~7주가 걸리며, 따라서 곰으로부터 새끼를 숨겨야 한다. 바다가 얼어붙는 가을에는 얼음판이 서로 부딪쳐 압력봉우리가 만들어진다. 봉우리를 따라 눈이 쌓이는 이곳에 고리무늬물범은 새끼들을 위해 굴을 만든다. 굴에는 얼음 밑 바다로 이어지는 탈출구가 있으며, 어미는 얼음에 수많은 숨구멍을 만들어 사냥 나온 곰들을 헷갈리게 만든다.

봄이 되면 북극곰들, 그중에서도 어린 새끼와 함께 있는 암컷들은 이런 압력봉우리를 따라다닌다. 냄새로 그 아래 출산굴에 숨어 있는 새끼 물범을 사냥하려는 것이다. 그러나 새끼 물범 사냥도 결코 만만치는 않은 일이다. 새끼들은 조금만 진동이 느껴져도 탈출구를 이용해 바다로 달아나기 때문이다. 따라서 곰은 아주 천천히, 그리고 아주 부드럽게 움직이다가 갑자기 달려들어 굴을 깨야만 한다. 그런 시도는 실패로 돌아가는 경우가 많다. 그러나 봄이 끝날 무렵 어미젖을 충분히 먹어 지방이 50퍼센트가 넘는 새끼 고리무늬물범은 꽤 괜찮은 먹잇감이다. 북극곰은 생존을 위해 하루 약 2킬로그램의 지방을 필요로 한다. 따라서 55킬로그램 정도 나가는 평균 크기의 고리무늬물범은 북극곰을 8일간 지탱시켜 줄 것이다.

새끼 물범이 일단 자신 있게 헤엄칠 수 있게 되면 사냥은 훨씬 힘들어지며, 시간이 지나면서 해빙은 깨지기 시작한다. 봄이 시작되는 3월, 북극의 해빙은 1,500만 제곱킬로미터 이상의 면적을 뒤덮는다. 그러나 그 다음 6개월에 걸쳐 얼음의 3분의 2가 녹아내린

다. 이 대규모의 계절성 변화는 모든 북극 동물들의 삶을 지배하며, 북극곰에게 이런 변화는 발밑 땅이 녹는다는 의미이다. 캐나다 허드슨 만에서는 지난 20년 넘게 얼음이 일찍 녹는 바람에 북극곰이 사냥할 수 있는 시기가 거의 3주나 줄어들었다. 그 결과 북극곰의 평균 몸무게는 15퍼센트나 감소되었고, 허드슨 만의 북극곰 개체수는 20퍼센트 이상 줄어들었다.

캐나다 허드슨 만의 해빙에서 몰래 기다리기. 물범의 냄새를 맡은 북극곰이 숨을 쉬기 위해 수면으로 떠오르는 물범을 잡아채려고 전형적인 몰래 기다리기 자세를 취하고 있다.

물속으로 몰래 다가가기. 북극곰이 물을 튀기지 않고, 심지어 수면을 흩뜨리지도 않고 부빙 사이의 바닷물로 천천히 미끄러져 들어가고 있다.

북극곰의 사냥술 | 몰래 다가가서 내려치고 움켜잡기

위

캐나다 총빙 위에서 사냥하는 북극곰. 고리무늬물범은 북극곰이 좋아하는 먹이다. 고리무늬물범은 비교적 얼음이 단단한 곳에서 새끼를 낳으며, 이 때문에 곰들은 고리무늬물범을 쉽게 잡을 수 있다.

오른쪽

기술.

1–2. 봄과 초여름의 그칠 줄 모르는 햇살 속에서 북극곰들은 얼음 아래 은신처에 있는 새끼 물범들의 냄새를 맡으며 압력봉우리를 돌아다닌다. 새끼 물범은 미세한 소음이나 진동만 느껴져도 탈출 구멍으로 달아나기 때문에 곰은 매우 조심스럽게 움직여야 한다.

3–6. 일단 고리무늬물범 은신처의 위치를 발견하면 북극곰은 얼음 위에서 뒷다리로 섰다가 그 아래 새끼 물범이 있는 데까지 내리치면서 새끼 물범이 바다로 도망치기 전에 잡으려 한다. 눈이 푹신할 때는 세 번 공격에 대략 한 번은 성공한다. 그러나 눈이 딱딱해지면 스무 번은 시도해야 얼음을 깰 수 있다. 빈 은신처에 들어갈 때, 곰은 때때로 머리를 구멍에 박은 채로 있다. 빛이 차단되어 은신처가 안전하다 생각한 물범이 돌아오도록 만들기 위한 전략이라는 의견이 있다. 이것이 사실이건 아니건 북극곰이 매우 똑똑한 포식자인 것만은 분명하다.

2

3

5

6

새들의 귀환

태양이 얼음을 녹이기 시작하면 멀리 남쪽에서 겨울을 보낸 동물들이 돌아오기 시작한다. 우아한 북방풀머갈매기가 수백 마리씩 떼를 지어 얼음 위로 활강하고, 절벽은 수천 마리 바닷새들의 소란스런 움직임으로 활기를 띤다. 64종의 서로 다른 바닷새들이 매년 북극지방으로 돌아와 새끼를 낳는데, 지금까지 수가 가장 많은 새는 바다오리, 큰부리바다오리, 퍼핀과 같은 작은바다오리류다. 작은바다오리류는 여러 가지 면에서 북쪽의 펭귄에 해당된다. 이들은 모두 바다에서 사냥하고 물고기를 쫓아 깊이 잠수할 수 있는 능력을 가지고 있다. 브뤼니크바다오리는 수심 210미터까지 들어간 기록이 있으며, 이보다 깊이 들어갈 수 있는 건 가장 큰 펭귄뿐이다. 물론 가장 큰 차이는 작은바다오리류는 날수 있다는 것이다. 이는 작은바다오리류의 생존에 필수적이다. 남극지방에는 육상 포식자가 없지만 북극지방에는 여우, 늑대, 심지어 북극곰들까지 알과 새끼새들을 먹어치우기 때문이다.

배고픈 포식자들을 피할 수 있는 또 다른 전략은 가파른 절벽면 높은 곳에 둥지를 짓는 것이다. 바다오리와 큰부리바다오리 같은 많은 새들은 그런 곳에 수십만 마리씩 둥지를 짓는다. 새들의 둥지는 극지방 세계에서 대단히 멋진 장관을 연출한다. 그 아랫부분에 있는 자갈 비탈은 북극지방에서 가장 수가 많은 새들인 작은바다오리에게 피난처를 제공한다. 찌르레기 크기의 이 새들은 북극여우들로부터 몸을 감추기 위해 바위 사이에 끼어들어갈 수도 있다. 그린란드에 있는 작은바다오리의 가장 큰 군집에는 100만 마리 이상

의 새들이 있다.

고래들의 귀환

해빙에 생긴 커다란 틈은 돌아오는 고래들에게 길을 열어준다. 4월에 그 틈으로 처음 들어서는 고래는 일 년 내내 북극지방에 머무는 수염고래류(여과섭식)인 북극고래들이다. 체중이 60~80톤에 이르는 이들은 얼음 가장자리나 해빙에 생긴 커다란 구멍인 폴리니아(빙호, polynya)에서 겨울이 끝나기를 기다린다. 북극고래는 얼음 생활에 적합하도록 설계되어 있다. 전체 몸길이의 3분의 1 이상을 차지하며, 섬유조직으로 두껍게 덮여 있는 거대한 머리는 두께가 50센티미터나 되는 얼음을 깰 때 유용하고, 높이 있는 분수공은 얼음에 있는 작은 구멍들을 이용해 숨을 쉴 수 있게 한다.

북극고래 떼는 얼음 사이로 길을 찾으면서 낮고 끽끽거리는 소리로 서로 연락을 주고받는다. 작은 차고만 한 크기의 거대한 입에서는 그 어떤 고래보다도 많은 600개의 고래수염이 발견된다. 북극고래는 4.5미터나 되는 체를 이용해 매일 2톤씩 요각류(새우같이 생긴 동물)를 잡는다. 요각류는 남극의 크릴에 상응하는 북극 생물이다. 겨울에 이 두 갑각류는 얼음 밑에 사는 조류와 그 외 현미경으로나 볼 수 있을 만한 크기의 생물들을 먹고산다. 봄볕이 얼음을 녹이면 조류들은 해방되고 바다는 엄청난 무리의 요각류와 크릴로 가득 차는데, 이는 각각 북극과 남극의 먹이사슬의 토대가 된다.

북극고래에 이어 일각고래(외뿔고래)와 흰돌고래(벨루가)도 돌아온다. 북극고래처럼 이들도 등지느러미가 없으며, 이 때문에 총빙 사이를 훨씬 쉽게 지나간다. 이들은 등으로 얼음을 깨며 지나간다. 그러나 북극고래와 달리 이 둘은 모두 이빨고래류다. 일각고래는 겨울에 북극 분지의 심해에서 바다 오징어를 먹는데, 수심 1,500미터까지 잠수하기도 한다. 그러나 일각고래의 자랑거리는 뭐니 뭐니 해도 3미터나 되는 엄니다. 엄니의 정확한 기능은 알려져 있지 않지만 수컷만이 이를 자랑하는 것으로 보아 아마도 사회적 기능이 있는 듯하다. 수컷 무리가 살살 펜싱 시합을 하는 모습이 종종 관찰되기도 하는데, 이는 짝짓기에 앞서 적수를 가늠해보는 방법일 수도 있다. 그러나 확실한 용도는 아무도 모른다.

얼음이 녹으면 일각고래와 흰돌고래는 총빙 깊숙이까지 밀고 들어간다. 때로는 새로운 먹이터를 찾아 하루에 80킬로미터나 이동하기도 한다. 흰돌고래 떼는 함께 얼음을 휘저어 주변에서 얼음이 다시 어는 것을 막는다. 그러나 갑자기 추위가 닥쳐 얼음이 다시 얼면 얼음에 갇힐 수도 있다. 숨을 쉬기 위해 어쩔 수 없이 그 자리에 머무는 고래들은 북극곰과 이누이트 사냥꾼들의 먹잇감이 되기 쉽다.

툰드라의 해동

봄이 시작될 무렵까지도 북빙양 주변, 나무가 없는 거대한 툰드라는 여전히 눈에 덮여 있다. 그러나 태양이 돌아와 만물을 녹이기 시작하면 추위가 들이치지 않는 곳에서는 식물이 조금씩 등장한다. 생장기가 너무 짧아 내한성이 가장 뛰어난 식물만 살아남는다. 자주범의귀는 가장 북쪽에서 자라는 현화식물로, 그린란드의 북위 83도에서까지 자란다. 툰드라 유일의 나무는 북극버들이다. 키는 2센티미터를 넘지 않는 경우가 많지만 북극지방의 대단히 특별한 곤충을 포함하여 많은 동물들의 중요한 먹이식물이다.

　　북극나방 애벌레는 고치 속에서 언 채로 겨울을 나고 일찍 나타나 봄에 활동하는 몇 안 되는 곤충 중 하나다. 일부 거미와 딱정벌레처럼 이 애벌레도 생명 유지에 필수적인 세포에 얼음 결정이 생기는 것을 방지하는 글리세롤을 생산함으로써 혹한 속에서 살아남는다. 몸이 녹은 애벌레가, 독성 화학물질을 뿜어대기 전의 북극버들 잎을 먹을 수 있는

러시아 추코트카에서 떨어져 있는 섬에 만발한 봄꽃. 그중에는 분홍색 북극자운영, 하얀 담자리꽃나무, 파란 북극물망초 등이 있다. 이들은 호박벌과 나비에게 꿀을 공급한다.

3년차 북극나방 애벌레가 자주범의귀 위에
있다. 독이 없는 새로 나온 버들잎을 먹을 수
있는 시기가 너무 짧아서 번데기를 거쳐 나
방으로 변할 때까지 14년이나 걸린다.

시간은 3주도 되지 않는다. 따라서 애벌레는 나방으로 변태하는 데 필요한 먹이를 충분
히 비축하지 못하고 다시 한 번 겨울을 나는 수밖에 없다. 실제로 북극나방 애벌레가 번
데기로 변하려면 14년이 걸린다. 애벌레 중 가장 오래 사는 것이다.

남극의 오아시스

기나긴 거울이 끝닐 즈음의 남극대륙은 해빙에 둘러싸인다. 이 해빙은 남극대륙의 두 배
이상 크며 남빙양의 절반 이상을 뒤덮는다. 남극대륙의 야생 생물은 궁극적으로 바다에
의지해 먹이를 섭취하기 때문에 이 시기 남극대륙의 대부분은 생명체 없는 사막으로 변
한다. 그러나 외곽의 가장자리에는 얼음에 둘러싸이지도 않고, 일 년 내내 야생 생물이
생명을 유지하는 데 필요한 피난처를 제공하는 소수의 섬들이 있다. 아남극 섬들 중 가장
큰 섬은 사우스조지아로, 이 섬은 포클랜드 제도에서 동쪽으로 약 1,500킬로미터, 남극대

류의 북쪽으로도 비슷한 거리만큼 떨어져 있다. 길이 170킬로미터, 평균 폭 30킬로미터
인 이 섬은 바다에서 보면 마치 바다에 알프스 산맥을 떨어뜨려놓은 것 같다. 장관을 이
루는 봉우리들로 이루어진 산맥에서 거대한 빙하가 흘러내려온다. 남해안은 그것이 면하
고 있는 얼어붙은 대륙과 아주 비슷한 얼음 풍광을 보여준다. 그러나 여름에 북부 해안은
덤불풀이 널찍하게 감싸고 있어 놀라울 정도로 푸르다.

나그네들의 귀환

봄이 시작되는 9월, 사우스조지아가 여전히 겨울 폭풍에 시달리고 있을 때 휘몰아치는
눈 속에서 목까지 올라오는 덤불풀 사이로 피신해 있는 이들이 있다. 바로 다 자란 나그
네알바트로스 새끼들이다. 이들의 무게는 각각 어른 혹고니 정도이며, 둥지에서 등을 곧
게 펴고 똑바로 앉아 지낸다. 키는 1미터에 달한다. 이런 새끼들이 깃털이 다 날 정도로
자라려면 1년 이상 걸리며, 이 때문에 어른 나그네알바트로스는 2년에 한 번만 새끼를 낳
을 수 있다. 자라나는 새끼는 앉아서 겨울을 나고, 부모는 남빙양에서 물고기를 잡아 2~
3일에 한 번씩 먹이를 먹이러 돌아온다. 폭이 3.5미터나 되는 어른 새의 날개는 바람 부
는 바다 위의 끝없는 비행에 완벽히 적응하지만(위성이 추적한 알바트로스는 먹이를 찾아
멀리 브라질 남해안까지 간 적도 있다) 항상 바다로 접근할 수 있는 남극대륙의 바람 부는
북쪽 가장자리 주변에서 새끼를 낳도록 제한시키기도 한다.

임금펭귄도 사우스조지아에서 새끼를 낳는다. 그들은 빙하가 밀려나면서 남긴 넓은
빙퇴석 해안평야를 이용한다. 수많은 군서지에 수십만 쌍의 펭귄들이 있다. 겨울 중에서
도 가장 힘든 시기 동안 큰 갈색 솜털에 뒤덮인 새끼들은 함께 떼를 지어 집단(creche, 탁
아소)을 형성한다. 나그네알바트로스처럼 임금펭귄도 겨우내 새끼들을 먹여살리며, 얼음
이 없는 아남극 섬에서만 지낸다. 또한 새끼들은 키가 거의 1미터에 달할 정도로 크게 자
라는데, 새끼 한 마리가 완전한 크기로 자라려면 10~13개월은 걸린다.

봄이 막 시작하는 9월 말 즈음이면 사우스조지아의 첫 번째 여름 방문객들이 임금
펭귄에 합류한다. 남방코끼리물범 수컷들이 파도 위로 나타나 4톤이나 되는 살찐 몸을
이끌고 그들의 전통적인 해변 번식지로 올라오는 것이다. 몇 주 뒤 이들의 뒤를 이어 암
컷들이 나타나는데, 암컷은 길이가 5미터나 되는 수컷의 3분의 1 정도 크기다. 코끼리물
범은 번식을 하는 매년 몇 달을 제외하곤 바다에서 살며, 전 세계 60만 마리의 코끼리물
범 중 절반 이상이 사우스조지아에서 새끼를 낳는다. 세인트앤드루스 만의 해변 하나가

사우스조지아 해변의 수컷. 남방코끼리물범 수컷들은 누가 우두머리 수컷인지 가리기 위해 암컷들 앞에 몸을 이끌고 올라온다. 암컷들은 도착하여 하렘을 이루고 며칠 이내에 새끼를 낳는다. 그 때문에 이 섬의 임금펭귄들은 바다로 나갈 때 수많은 물범들 사이를 지나가야만 한다.

엉큼한 짝짓기. 하렘을 가지지 못한 수컷은 파도 속에서 얼쩡대다가 바다로 들어가는 암컷과 짝짓기를 시도한다. 그러나 가장 많은 새끼—거의 90퍼센트—를 낳게 하는 것은 하렘을 거느린 수컷이다.

6,000마리 이상의 물범을 끌어들이며, 봄이 한창인 10월이면 그곳은 거대한 장관을 연출한다.

해변의 우두머리 수컷

3킬로미터에 이르는 해변에는 물범 10~20마리 두께의 단단하고 두터운 벽이 만들어진다. 수컷들은 암컷들의 하렘(수컷 한 마리와 암컷 여러 마리로 이루어진 무리—옮긴이)을 차지하기 위해 싸움을 벌인다. 가장 성공적인 수컷의 경우에는 100여 마리의 암컷을 거느리기도 한다. 적수가 되는 수컷들은 해변 멀리까지 울리도록 크고 깊은 포효를 토해내며 서로에게 도전한다. 포효의 세기만으로 다툼이 정리되기도 하지만, 힘이 비슷한 수컷끼리 만나면 대결은 검투사들의 싸움만큼이나 치열해진다. 두 적수는 싸우는 내내 소리를 내지르며 잠깐 동안 꼬리에만 의지하여 몸을 완전히 일으켰다가 상대를 힘껏 내리친다. 물범은 서로 코와 목덜미의 지방층을 찢으며 물어뜯으려 한다. 싸움은 지친 수컷 중 하나가 먼저 물러설 때까지 15분씩 계속되기도 한다.

암컷은 임신 상태로 이곳에 도착하며 무거운 몸을 이끌고 올라오자마자 새끼를 낳는다. 11월에 이르면 대부분은 다시 발정기에 들어간다. 암컷을 차지하기 위한 경쟁은 치열하다. 교미에 성공하는 수컷은 전체의 30퍼센트뿐이다. 새로 태어난 새끼들에게는 이때가 위험하다. 하렘을 거느린 물범(우두머리 수컷)이 자신의 하렘 언저리에서 몰래 기웃거리는 적수를 발견하면 군집 사이로 요란스럽게 돌진하는데, 이때 지나는 길에 있는 암컷들을 집어던지고 새끼들을 짓밟기 때문이다. 폭력을 쓰기로 작정한 4톤의 코끼리물범은 놀라울 정도로 빨리 움직인다. 11월 말경이 되면 어른 물범들은 거의 떠나버리고, 해변은 부딪치는 파도 소리와 펭귄 소리에 싸여 부드러운 리듬을 회복한다. 임금펭귄은 새끼에게 돌아가기 위해 더 이상 전투 중인 물범들 사이를 뛰어갈 필요가 없다.

구애와 사랑

10월이면 더 많은 방문객들이 사우스조지아에 도착하기 시작한다. 회색머리알바트로스와 검은눈썹알바트로스가 도착하여 덤불풀로 뒤덮인 산사면의 나그네알바트로스들에 합류한다. 크기는 나그네알바트로스의 반 정도밖에 안 되지만 이들 역시 바람의 달인으로, 상승기류를 누릴 수 있는 가파른 절벽면에 등지를 튼다. 이들은 사회성이 강해서 가까이에 함께 등지를 지어 큰 군집을 이루는 경우가 많다. 사우스조지아의 서쪽 끝에 회색 이빨처럼 뾰족뾰족하게 바다로 튀어나온 윌리스 제도에도 번식지의 장관이 펼쳐진다. 봄이 되면 수만 마리의 알바트로스들이 뾰족한 바위탑 주위를 돈다.

나그네알바트로스처럼 이들도 한 상대하고만 짝짓기를 하므로 매년 같은 상대에게로 돌아온다. 따라서 구애는 간결하면서도 친밀하며, 암수 한 쌍은 서로의 머리 깃털을 부드럽게 다듬어 정리한다. 그러나 이 두 알바트로스의 먹이는 완전히 다르다. 검은눈썹알바트로스가 크릴을 먹는 반면, 회색머리알바트로스는 주로 오징어, 사우스조지아에 있는 것들은 다묵장어류를 좋아한다. 검은눈썹알바트로스는 매년 새끼를 낳지만 회색머리알바트로스는 한 해씩 건너뛰며 새끼를 낳는데, 아마도 먹이를 찾기가 더 힘들어서인 것 같다.

많은 이들에게 진정한 봄의 신호는 알바트로스 중 가장 마지막에 돌아오는 흰가슴회색알바트로스의 으스스한 울음소리다. 바닷새 중 드물게 아름다운 깃털과, 이례적으로 긴 회색 날개 덕분에 매우 우아한 모습을 띠고 있다. 둥지를 트는 다른 알바트로스와 달리 흰가슴회색알바트로스는 텃세가 매우 심하며, 사우스조지아 해안을 따라 이어지는 둥지터를 외롭게 지킨다. 수컷이 먼저 오는데, 2부 화음의 울음소리를 내며 짝을 유혹하려한다. 구애하는 새는 계속해서 자신의 머리를 치켜들고 소리를 낸다. 결국 그가 부른 사

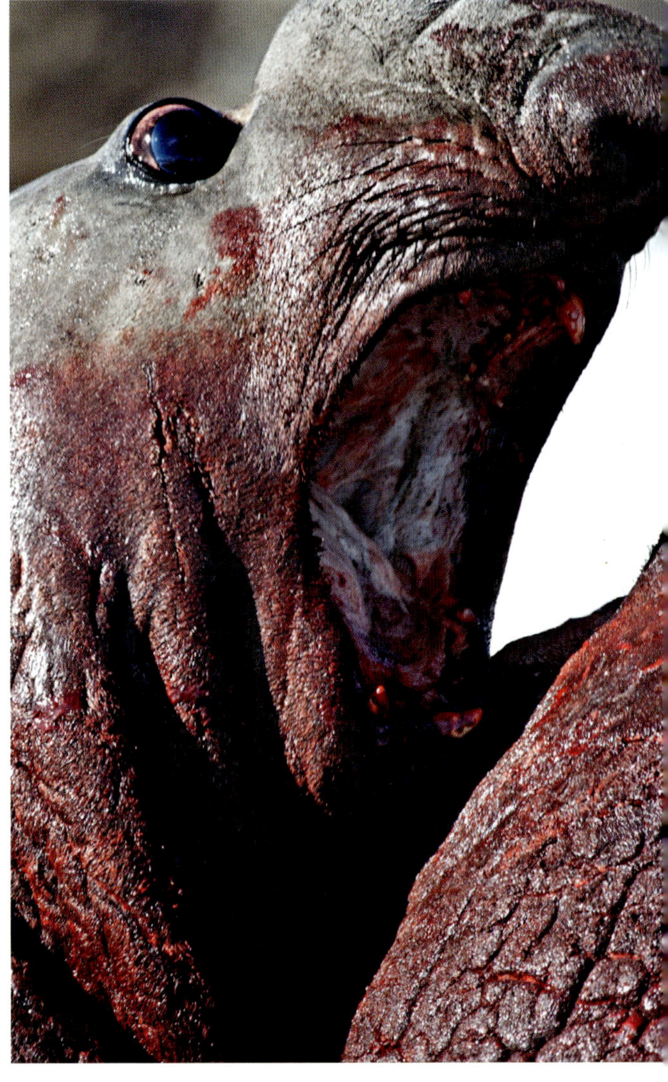

위
피투성이의 충돌. 코끼리물범 수컷의 위아래 송곳니 두 개는 상대의 목을 찢고 엄니를 부러뜨릴 수 있다. 그러나 부상 부위는 지방으로 채워지며, 찢기고 잘린 상처가 치명상이 되는 경우는 거의 없다.

맞은편
끝장 결투. 수컷은 암컷보다 최대 여섯 배나 클 수도 있으며, 싸움에 관한 한 크기가 모든 것을 좌우한다. 하렘을 거느리고 있는 수컷은 포효하는 힘(부푼 코에 의해 증폭된다)과 위협적인 자세만으로도 적수를 물리칠 수 있지만, 두 수컷의 크기가 비슷할 경우에는 하나가 물러날 때까지 부딪치고 찔러댄다.

랑의 노래는 활강하는 암컷을 설득하여 착륙하게 만들고, 두 새는 머리를 하늘 높이 치켜들고 꼬리 깃털을 활짝 펴며 서로에게 과시한다. 마침내 암컷과 수컷 한 쌍은 하늘로 날아올라 동시에 구애 행동을 펼치는데, 수컷은 뱅글뱅글 도는 짝의 모든 움직임을 정확히 흉내 낸다. 사우스조지아의 멋진 산악 풍경을 배경으로 펼쳐지는 이 모습은 분명 자연에서 가장 아름다운 공중 발레다.

수백만 마리의 유입

밤이 되면 산비탈은 돌아온 바닷새 수백만 마리로 활기가 넘친다. 이때 덤불풀 사이를 걷는 것은 매우 위험한 일일 수 있다. 쉽게 무너지는 굴이 땅에 가득하기 때문이다. 이런 굴은 생의 대부분을 남빙양에서 헤매지만 번식을 위해 육상으로 돌아와야 하는 작은 바다제비류들의 집이다. 바다가 너무 넓어 그들의 전체 개체수를 정확히는 알 수 없지만 적게 잡아도 1억 5,000만 마리는 된다. 매년 봄 사우스조지아로 가장 먼저 돌아오는 바다제비류는 푸른바다제비다. 너무 일찍 와서 굴이 아직 얼어 있을 위험이 있기 때문에, 이들은 겨울 내내 정기적으로 방문하여 굴에 눈이 없게 한다. 곧이어 2,200만 마리의 남극고래새와 200만 쌍의 흰턱풀머갈매기(반복적인 구애 울음소리가 고래잡이들에게 가죽 기술자들의 재봉틀 소리를 연상시켜서 구두수선공이라고도 불린다) 등 수많은 작은 잠수바다제비류가 합류한다.

　매일 저녁 엄청난 수의 이 작은 바닷새들은 사우스조지아 근처 바다로 모여든다. 그들은 자기들이 돌아오기를 기다리는 포식자 도둑갈매기류를 피해 땅거미가 질 때까지 기다린다. 어둠 속에서 새들의 군집 사이를 걷다 보면 끊임없이 울어대고 당신의 뺨을 날개로 쓸어내리며 퍼덕이는 새들을 사방에서 만날 것이다. 밤낮으로 이렇게 많은 바닷새들을 보면 남빙양이 얼마나 풍요로운지 알 수 있다.

사우스조지아에서 둥지를 틀고 있는 흰가슴회색알바트로스. 수컷이 혼자 있는 자신의 둥지터로 임깃을 불러들이면서 내는 으스스한 소리가 봄의 도착을 알린다.

맞은편
알을 품고 있는 검은눈썹알바트로스. 생의 대부분을 바다에서 혼자 보내지만 죽을 때까지 자신의 짝에 충실하며 번식을 위해 항상 같은 둥지터로 돌아온다.

펭귄들의 쟁탈전

아남극의 섬들은 펭귄 가운데 가장 성공적인 마카로니펭귄의 고향이기도 하다. 이곳에는
900만 쌍의 마카로니펭귄이 있는 것으로 여겨지며, 이는 남극수렴선 이남에서 발견되는
모든 펭귄의 50퍼센트에 해당한다. 사우스조지아에만 이 작고 멋진 펭귄 500만 마리가
둥지를 튼다. 두 눈 위에 있는 밝은 노란색 깃털 다발이 18세기 마카로니 탐험가들—화려
한 깃털이 달린 모자를 썼던 젊은이들—을 연상시킨다 해서 이런 이름이 붙여졌다.

황제펭귄을 제외한 다른 모든 펭귄처럼 마카로니펭귄은 노출된 바위에 알을 낳는
다. 해안에서 쉽게 접근할 수 있는 적당하고 넓은 암석지대가 제한되어 있기 때문에 마카
로니펭귄 군서지는 항상 북적거린다. 수컷들이 먼저 돌아오고 8일 뒤에 암컷들이 뒤따라
온다. 일부 군서지에는 수만 마리의 펭귄들이 절벽면까지 늘어서 있다. 일단 자리를 잡은
쌍들은 닿을 수 있는 거리 안으로 들어오는 펭귄은 모두 쪼아댐으로써 자기들의 바위 영
역을 공격적으로 지킨다. 군서지 꼭대기에 둥지를 튼 펭귄들은 길고도 고통스러운 부리
공격을 받으며 뛰어가야 한다.

사우스조지아에서 새끼를 낳는 또 다른 펭귄은 완전히 다른 특성을 지닌다. 젠투펭
귄은 펭귄 세계에서 가장 성격이 느긋하다. 개체수는 약 30만 쌍이며, 이중 3분의 1 정도
가 사우스조지아에 둥지를 튼다. 마카로니펭귄처럼 젠투펭귄도 노출된 바위에 알을 낳으
며 그런 자리를 찾기 위해 가파른 산비탈까지 멀리 이동한다. 땅에 아직 눈이 있다면, 젠
투펭귄이 비탈을 열심히 올라가다 미끄러져 내려오는 모습을 볼 수 있다. 그러나 이들의
군서지는 마카로니펭귄 군서지보다 훨씬 평화롭고 소란스러움도 덜하다. 크릴을 찾아 해
안에서 멀리 떨어진 앞바다까지 나가는 마카로니펭귄과 달리 젠투펭귄은 사우스조지아
해안 근처에서 작은 어류를 잡아먹는다. 젠투펭귄은 훨씬 더 남쪽인 남극반도에도 둥지
를 틀지만 이곳에서는 사우스조지아에서보다 한 달 늦은 11월에야 알을 낳는다. 해빙이
후퇴하기를 기다려야 하기 때문이다.

반도의 펭귄

남극대륙의 해빙은 9월 21일 춘분경에 후퇴하기 시작한다. 남쪽으로 가던 태양이 적도를
통과하는 시기다. 그 다음 5개월에 걸쳐 해빙은 80퍼센트 이상이 녹게 되고 남빙양은 생
명으로 넘쳐나며 야생 생물들은 줄어드는 얼음을 따라 남쪽으로 올 것이다. 물러나는 얼
음으로부터 가장 먼저 해방되는 것은 남극반도다. 남극반도는 프라이팬의 손잡이처럼 북
쪽으로 튀어나와 있고 주변 섬들로 둘러싸인 팔같이 긴 대륙이다. 대륙 전체 중 눈에서
해방되는 면적은 겨우 0.32퍼센트에 불과한데 노출된 암석 대부분이 이곳에 있다.

재투성이 비탈의 군서지. 수백만 마리의 턱끈펭귄들이 남극반도의 일부분인 사우스샌드위치 섬의 비교적 따뜻하고 얼음이 없는 화산 비탈에 둥지를 틀기 위해 육지로 올라오고 있다. 자보도프스키에만 약 200만 마리로 추정되는 펭귄 무리가 있다. 온난한 환경 덕분에 남쪽에 있는 아델리펭귄보다 훨씬 긴 번식기를 가질 수 있다.

턱끈펭귄들의 도약. 턱 아래 끈에서 이름을 따온 이 펭귄들은 주로 크릴을 잡아먹으며 그들의 군서지와 가까운 곳에서 먹이를 잡는 경향이 있다. 이 사진은 자보도프스키의 화산섬에서 바다로 뛰어드는 펭귄을 찍은 사진이다.

여름에는 얼음에서 자유로워지고, 기후는 대륙보다 온화한 남극의 해양은 수많은 야생 생물들의 서식지다. 이곳만의 펭귄인 턱끈펭귄도 있다. 650만 쌍의 턱끈펭귄 대부분이 이 지역에 한정되어 산다. 가장 큰 군서지는 사우스샌드위치 제도의 하나인 자보도프스키 섬에 있는데, 200만 마리 정도가 있는 것으로 여겨진다. 이 화산섬의 따뜻한 비탈에 있는 눈은 일찍 녹아내리며, 거대한 군서지가 그 비탈면에 수 킬로미터나 뻗어 있다. 턱끈펭귄은 가장 시끄러운 펭귄으로, 크고 반복적이며 시끄러운 소리를 낸다. 이곳에서 나는 소리와 냄새는 정말 엄청나다.

턱끈펭귄은 크릴(새우같이 생긴 갑각류)을 먹는데, 최근에는 개체수와 분포 범위가 모두 감소했다. 그 이유는 크릴 수의 감소 때문인 것 같으며, 아마도 줄어드는 해빙과 관련이 있는 듯하다.

웨들물범 어미와 새끼. 어미는 봄에 로스 해의 얼음 영역에서 새끼를 낳는데, 이곳의 바위 주변에서 바닷물이 높아지는 것은 얼음에 틈이 있음을 뜻한다. 이런 틈을 통해 어미는 새끼에게 항상 접근할 수 있다.

덩치 큰 웨들물범. 이 물범은 아마 무게는 1톤, 길이는 거의 3미터에 달할 것이다. 얼음 밑에 머물면서 이빨을 사용해 숨구멍을 열어놓음으로써 남쪽에 남아서 용케 겨울을 난다.

얼음 위의 생명

봄에도 남극대륙은 여전히 얼음에 둘러싸여 있다. 여름이 가까워지면서 얼음은 점차 깨지지만 이 지역은 세계에서 가장 덜 알려지고 가장 접근이 어려운 황량한 야생으로 남아 있다. 현대적인 쇄빙선조차 늘 움직이는 깨진 얼음덩어리들의 도전을 받는다. 공중에서 봐야 비로소 그 얼음이 1,500만 마리에 달하는 게잡이물범들의 집이라는 것을 알 수 있다. 지금까지 지구에서 개체수가 가장 많은 물범은 게잡이물범이다. 이들은 독거성 동물로, 만일 당신이 10월에 비행기를 타고 총빙 위를 수 킬로미터 날아간다면 암컷들이 얼음 위에서 외롭게 새끼를 낳는 모습을 볼 수 있을 것이다.

게잡이물범은 얼음 위에서 살게끔 완벽하게 설계되어 있다. 이들은 게 대신(남극 바다에는 게가 없다) 또 다른 갑각류인 크릴을 먹는데, 서로 맞물리는 긴 어금니를 체처럼 사용하여 물에서 크릴을 걸러낸다. 이들의 분포는 크릴과 총빙 사이의 늘 변화하는 관계에 영향을 받는 것 같다.

훨씬 남쪽, 대륙 가장자리의 영구적인 얼음 위에서 북쪽의 고리무늬물범에 해당하는 남극의 물범이 발견된다. 웨들물범은 가장 남쪽에서 새끼를 낳는 포유류이며 물범 중 유일하게 겨울 내내 남쪽에 머문다. 웨들물범은 작고 친근한 얼굴을 하고 있으며 덩치 큰 몸통에는 검은 점이 아름답게 박힌 회색 털가죽을 두르고 있다. 얼음 위로 나와 있기에는 너무 추운 한겨울에는 대부분의 시간을 물속에서 보낸다. 그러나 이들은 항상 숨

쉴 구멍을 유지하고 있어야 하며, 얼음을 이빨로 갉아서 구멍을 만든다. 웨들물범의 수명이 다른 물범의 절반인 20년 정도밖에 되지 않는 것은 이빨이 닳아 없어지기 때문이라고 여겨진다.

웨들물범의 놀라운 번식체계는 독거성 게잡이물범과 하렘을 거느린 코끼리물범의 중간쯤이다. 수컷은 물 밖으로 나가거나 숨구멍과 틈 주변의 넓은 3차원 수중 영역을 지키면서 그 구멍을 이용하는 암컷과 짝짓기를 한다. 이런 식으로 수컷은 암컷을 10마리까지 통제할 수 있다. 수컷의 약 절반만이 영역을 유지하며, 구멍을 차지하려는 경쟁은 치열하다. 웨들물범은 소리를 잘 내는 물범으로, 그들의 노래는 영역 다툼에서 중요한 역할을 하는 듯하다. 이 시기에 얼음 밑으로 잠수해보면 물범의 사운드트랙이 대단하다. 휘파람 소리, 윙윙거리는 소리, 떨리는 소리, 쩍쩍거리는 소리, 끙끙거리는 소리가 섞인 희한한 소리를 32킬로미터 떨어진 곳에서도 들을 수 있다. 노래만으로 침입자를 물리치기 어려울 때는 격렬한 싸움이 벌어지며, 그 때문에 많은 수컷들이 상처를 가지고 있다.

암컷은 봄이 되면 새끼를 낳기 위해 물 밖 얼음 위로 나온다. 총빙에 가까운 북쪽에서는 9월쯤 출산이 시작되지만 남쪽에서는 11월까지 새끼를 낳지 않는 경우도 있다. 37℃의 따뜻한 자궁을 떠나 아직 얼어붙은 세상으로 나온다는 것은 새로 태어나는 새끼에게 갑작스런 충격임에 틀림없다.

추위는, 어미 웨들물범이 될 수 있으면 새끼를 얼음 아래에 있게 하려고 애쓰는 이유 중 하나다. 새끼는 생후 일주일만 되면 첫 헤엄을 친다. 그러나 젖을 떼기까지는 다른 물범보다 긴 7주나 걸린다. 그래도 웨들물범은 북방의 고리무늬물범과 달리 북극곰의 공격을 두려워할 필요가 없다.

가장 남쪽의 펭귄

위험을 무릅쓰고 최남단으로 가 남극대륙 본토 주변에서 새끼를 낳는 펭귄은 단 한 종류뿐이다. 아델리펭귄은 작은 턱시도와 흔들거리는 걸음걸이로 우스꽝스러워 보이기도 하지만 그 어떤 펭귄보다 먼 남쪽에서 번식할 수 있도록 완벽하게 적응되어 있다. 가장 남쪽에 자리한 군서지는 남극점에서 겨우 1,300킬로미터 떨어진 로이즈 곶에 있다. 덩치는 작지만 아델리펭귄에게는 유별나게 무성한 깃털과 두꺼운 피하지방층이 있다. 이런 것들은 추위도 피하게 해주고 어려울 때에는 예비 식량이 되기도 한다. 짧은 부리는 절반이 깃털로 덮여 있으며, 외비공(콧구멍)은 꽉 닫혀 있어 체온 손실을 막아준다. 이 모든 것이 합쳐져서 아델리펭귄을 아주 강한 펭귄으로 만든다. 최악의 조건에서 가장 짧은 번식기를 지내야 하므로 그래야만 한다.

둥지 마련하기. 크로지어 곶. 가장 좋은 자리를 찾기 위해 아델리펭귄 수컷이 가장 먼저 군서지에 도착한다. 이들은 둥지를 만들기 위해 돌을 모으고 근처에 무방비 상태의 돌무더기가 있으면 훔치기도 한다. 도착하는 암컷들은 수컷의 돌 모으는 능력에 깊은 인상을 받는 듯하며, 돌 선물에 넘어가기도 한다. 잘 지어진 돌둥지는 알과 새끼를 녹는 눈과 진흙으로부터 보호한다.

이렇게 남쪽에서 번식할 때의 문제는 아델리펭귄들이 남쪽으로 여행을 시작해야 할 때까지도 해빙이 물러나지 않는다는 것이다. 따라서 상황이 좋지 않은 해에는, 얼음을 가로지르는 길고도 힘든 여행을 100킬로미터나 이어가야 한다. 펭귄은 배로 미끄럼을 타거나 뒤뚱거리면서 전통적인 둥지터로 향한다. 대륙의 가장자리에는 노출된 바위가 매우 부족하기 때문에 어떤 아델리펭귄 군서지는 규모가 매우 크다. 어데어 곶에서 가장 큰 군서지의 펭귄 수는 22만 쌍이 넘는다.

아델리펭귄은 짝에게 충실할 뿐만 아니라 자신이 지난해에 새끼를 낳았던 군서지 안의 거의 같은 장소로 늘 다시 돌아간다. 10월 말에 도착한 이후 2~3주 동안 아델리펭귄 군서지는 엄청나게 분주하고 시끄럽다. 짝에게 좋은 인상을 주기 위해 수컷은 작은 돌을 모으고, 짝과 함께 그 돌로 간단하나마 둥글고 움푹한 둥지를 만든다. 그러나 아델리펭귄에게는 도벽이 있어서 서로에게서 귀한 돌을 훔친다.

11월 말이 되면 아델리펭귄은 알을 두 개 낳는다. 이때쯤이면 이 최남단 지역은 종종 또 다른 도전을 안겨준다. 바다의 온도가 상승하면서 차가운 공기가 대륙과 해안 위의 높은 곳으로부터 아래로 끌려 내려오고, 많은 아델리펭귄들은 지독한 얼음 폭풍 속에서 죽게 된다. 살아남은 펭귄은 먹이를 잡아먹기 위해 다시 바다로 먼 여행을 떠나야 한다. 암컷은 알을 낳자마자 떠나고, 남겨진 수컷은 알 품기 교대조의 첫 번째 당번을 맡는다. 수컷은 암컷이 돌아와 교대해줄 때까지 한 달 이상을 굶어야만 한다.

아델리펭귄은 번식지를 아주 신중하게 골라야 한다. 봄에는 겨울에 내린 눈을 날려 버릴 만큼 강한 바람이 필요하다. 알을 낳을 노출된 바위를 구하기 위해서다. 그러나 새끼들이 부화하기 시작하는 12월 즈음 그들이 필요로 하는 것은 해빙이 다시 녹아 바다로 나가는 길이 좀 더 짧아지는 것이다. 상황은 해마다 다르며, 최남단에 마침내 여름이 와야 아델리펭귄들이 번식기를 성공적으로 보냈는지 알 수 있다.

3장 | 여름

불어나는 생명

7월이 되면 북극지방은 한여름이다. 24시간 내내 햇빛이 비치고 정말 따뜻하다. 한때 북극곰 어미와 새끼들이 견고한 발판으로 의지했던 해빙은 발아래에서 녹아 움직이는 부빙 조각이 되어버린다.

생후 6개월이 되었지만 액체 상태의 물을 경험한 적이 없는 새끼 곰들은 어미 곰이 얼음물로 뛰어들자 얼음 가장자리에서 초조하게 기다린다. 굶주린 어미 곰은 먹이인 물범을 찾으려고 필사적이다. 어미 곰은 수영의 명수로(북극곰은 하루에 100킬로미터나 이동한다고 알려져 있다) 육중한 앞발을 사용하여 개처럼 물속을 헤쳐 나간다. 뒤에 남겨져서 겁이 난 새끼 곰들도 결국 뛰어든다. 앞으로 많은 시간을 물속에서 보내야 하므로 헤엄치는 법을 배우는 것은 필수적이다.

물범 사냥하기

초봄만 해도 고리무늬물범 새끼와 어미는 해빙의 은신처에 발이 묶여 있었기 때문에 북극곰은 먹잇감인 물범보다 유리한 입장에 있었다. 그러나 일단 새끼 물범들이 헤엄치는 법을 배우고 얼음이 깨지기 시작하면 이들을 잡기는 훨씬 더 힘들어진다. 북극곰은 이제 두 가지 사냥기술을 구사하는데, 하나는 몰래 기다리기이고 하나는 몰래 다가가기이다. 몰래 기다리기는 해빙 사이의 물길이나 얼음이 녹은 구멍 가장자리에서 물범이 숨을 쉬러 나오길 기다리며, 납작하게 엎드려 턱을 가장자리 근처에 대고 있는 것을 말한다. 이것이 가장 많이 쓰는 사냥기술이다. 그렇지 않은 경우 어미 북극곰은 몰래 다가가기 기법을 구사한다.

일단 은신처를 떠난 새끼 물범들은 남아 있는 부빙 위로 올라온다. 그들의 하얀 털은 얼음 위에서 잘 구별되지 않는다. 물범들은 시력이 좋고 진동에 민감하다. 북극곰은 눈에 띄지 않고 다가가기 위해 가능한 한 몰래, 그리고 부드럽게 움직여야만 한다. 얼음 위로 올라온 물범을 처음 발견한 북극곰은 최고의 접근방법을 궁리하면서 꼼짝하지 않을 것이다. 그 다음에는 머리를 낮추고 몰래 먹이에게 다가가면서 '무궁화 꽃이 피었습니다' 게임을 한다. 일단 15~30미터 안으로 범위가 좁혀지면 곰은 물범이 숨구멍 안으로 다시 들어가기 전에 물범에게 달려들어 잡아챈다.

여름에 얼음이 계속 깨지고, 고립된 얼음 위에 물범들이 점점 더 널리 분산되면 어떤 북극곰들은 수중에서 몰래 다가가는 방법을 쓴다. 곰들은 가능한 한 물속에서 오래 헤엄을 치며 숨을 쉴 때만 표면을 깨서 코 윗부분만 밖에 내놓고 얼음 뒤에 숨는다. 또 다른 전략은 녹아서 물로 가득 찬 수로를 이용하는 것이다. 여름에 해빙 위에 생기는 이런 수로는 그 깊이가 최대 50센티미터나 되기도 하며 사지를 쭉 펼친 곰이 미끄러지면서 먹이

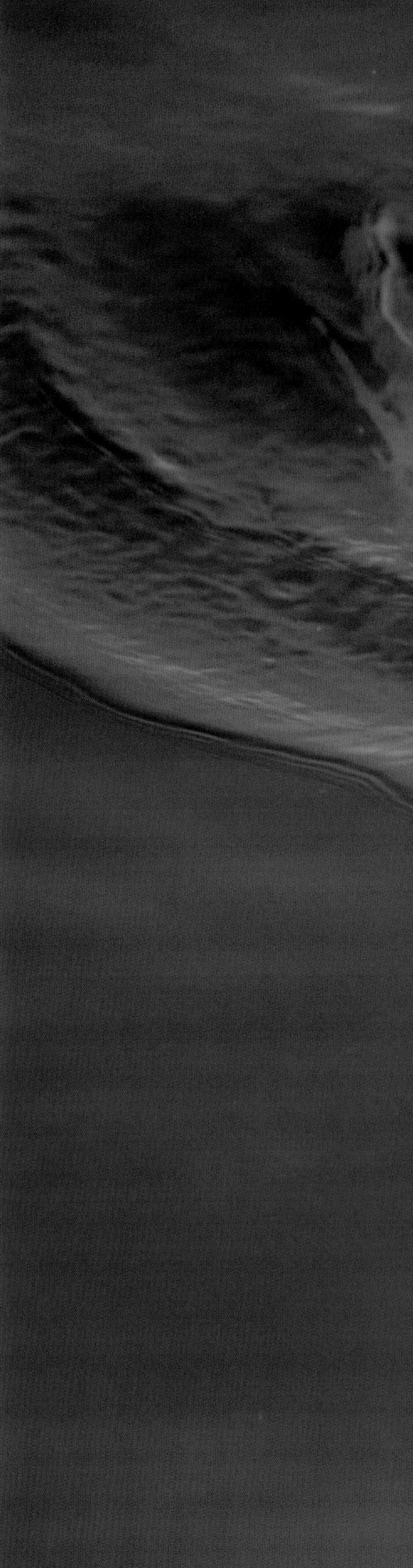

에 좀 더 가까이 갈 때 엄호를 잘 해준다.

방심하고 있는 물범이나 그 새끼에게 살금살금 다가가는 것은 6개월 된 새끼 두 마리를 거느린 어미 곰에게는 특히 어려운 일이다. 새끼 곰들은 아직 젖을 먹고 있기 때문에 사냥의 절박함을 이해하지 못한다. 놀고 싶은 그들은 어미가 물범의 숨구멍 옆에서 꼼짝하지 않고 기다리는 것을 견디지 못한다. 하지만 곧 배우게 될 것이다. 어미를 방해하면 어미가 귀 언저리를 찰싹 때린다.

여름에 어미 곰은 깨어 있는 낮 시간의 35~50퍼센트 동안 사냥을 하며, 물범이 활발히 움직이는 밤에도 종종 사냥을 한다. 하루의 4분의 1은 잠을 잔다. 어미 곰과 새끼 곰은 푸짐한 식사 후 몸을 공처럼 말아 올리고 바람을 등진 채 겨우 한두 시간만 잘 때도 있지만 어떤 때에는 여덟 시간까지 자기도 한다.

무수한 물고기들

북극곰에게는 더없이 힘든 시간이지만, 기나긴 여름날은 북극의 야생 생물 대부분에게는 짧지만 풍요로운 기회의 시간이다. 얼음이 물러감에 따라 녹아내리는 강으로부터 유입되는 영양분과 온기는 해양생물을 대량으로 증식시킨다. 엄청난 극지대구 떼가 해변을 따라 모여드는데, 공중에서 보면 마치 시꺼먼 기름막처럼 보인다. 9억 마리 이상이 있는 것으로 추정되는 엄청난 무리도 있었다.

극지대구가 그렇게 엄청난 수로 모이는 이유는 분명하지 않다. 산란하는 것도 아니고(이들은 늦겨울 얼음 밑에서 산란한다), 대개는 배 속이 비어 있는 것으로 보아 먹이를 잡아먹는 것도 아닌 것 같다. 그러므로 그렇게 무리를 짓는 것은 어쩌면 개체들이 엄청난 수의 포식자들에게 잡아먹힐 가능성을 줄이기 위한 전략일 수도 있다. 확실한 것은 이 물고기들이 북극의 해양 먹이망에서 지극히 중요한 일원이라는 것이다.

때로는 물고기 한 무리가 수백 마리의 흰돌고래, 일각고래, 하프물범들의 공격을 받기도 한다. 이 포유류들이 물고기 떼를 헤집고 지나갈 때, 수천 마리의 세가락갈매기류들과 풀머갈매기류들은 수면으로 밀려나와 정신이 없는 물고기들을 낚아챈다. 단 24시간만에 50만 마리 이상의 물고기가 잡아먹히기도 한다.

바닷새들의 도시

한여름이 되면 북극에 있는 바닷새들의 거대한 도시는 극도로 분주해진다. 바다로부터 수백 미터 높이까지 올라간 절벽 바위 면은 시끄럽게 재잘대는 수만 마리의 바닷새들로 붐비고, 하늘은 배고픈 새끼들에게 먹이를 주려고 돌아오는 어른 새들의 무리로 끝없이 가득 찬 것처럼 보인다. 이 거대한 군집은 북극 전역에 퍼져 있어 여름 북빙양의 풍요로움을 증명한다. 그러나 거주지를 이용하는 새의 종수는 놀라우리 만큼 적다. 바다오리와 두 종의 북극 갈매기, 세가락갈매기와 더 희귀한 붉은세가락갈매기가 대부분의 군집을 장악한다.

바다오리가 높은 고도에 둥지를 짓는 데는 두 가지 비결이 있다. 그들의 알은 원뿔 형태여서 뾰족한 끝을 중심으로 도는 경향이 있는데, 이는 알이 바위턱에서 굴러 떨어지지 않게 해준다. 또한 독특하게도 바닷새들의 알은 여러 가지 색을 띠고 있어 부모 새는 혼잡한 절벽면에서도 쉽게 자신의 일을 찾아낸다. 세가락갈매기류는 훨씬 좁은 바위턱에 둥지를 트는데, 폭이 10센티미터밖에 안 되는 곳에 둥지를 만들 때도 있다. 알이 굴러 떨어지는 것을 막기 위해 그들은 진흙 반죽, 해초 및 기타 초목으로 정교한 둥지를 지으며, 어떤 것은 높이가 1미터가 넘기도 한다. 이런 식으로 해서 세가락갈매기류는, 둥지를 짓지 않기 때문에 좀 더 넓은 바위턱을 이용해야만 하는 바다오리와 풀머갈매기류와의 경쟁을 피한다.

역할 전환

번식을 위해 북극지방으로 돌아오는 나머지 새들 대부분은 절벽에 둥지를 틀지도 않고 은신처로 삼을 나무도 없기 때문에 할 수 없이 땅에 둥지를 튼다. 이런 새들로는 두 종류의 지느러미발도요류, 바로 지느러미발도요와 붉은배지느러미발도요가 있는데, 벌레들을 수면으로 나오게 하려고 연못에서 작은 원을 그리며 도는 모습을 볼 수 있다. 이 두 종의 성역할은 일반적인 경우와 반대다. 암컷이 화려한 혼인색(번식기에 구애 행위의 하나로 몸의 색이 변하는 것을 말하며, 주로 수컷에서 나타남—옮긴이)을 띤 채로 짝을 차지하기 위해 공격적으로 경쟁한다. 그리고 일단 알을 낳으면 나머지 일은 수컷에게 맡기고 자신은 남쪽으로 향한다. 보통 암컷을 연상시키는 칙칙한 깃털의 수컷은 알을 품을 때 완벽하게 위장할 수 있게 되어 있다.

근처에 둥지를 틀고 있고, 마찬가지로 위장이 잘되어 있는 것은 대개 암컷 솜털오리류다. 네 종의 솜털오리류들이 북극지방에 살고 있으며, 네 종 모두 수컷의 깃털이 더 아름답다. 가장 큰 것은 참솜깃오리로, '아이더다운(eiderdown)'이라 불리는 암컷의 가슴솜

Summer

털은 이불속을 채우는 데 널리 쓰인다. 암컷은 자신의 배에서 이 깃털을 뽑아 둥지 안을 채우며, 알을 품다가 휴식을 취해야 할 때는 깃털로 알을 숨긴다.

남극대륙의 펭귄에게는 육상 포식자가 없지만 땅에 둥지를 튼 북극지방의 새들은 북극여우와 심지어 북극곰의 위협에 자주 노출된다. 약간의 솜털오리 알이 북극곰에게는 보잘것없을 것 같지만, 물범을 잡기 어려운 여름이면 북극곰은 먹을 수 있는 건 무엇이든 뒤지고 다닌다. 그러나 땅에 둥지를 트는 조류 중에는 대형 육식동물을 쫓아낼 정도로 용감한 녀석들도 있다. 북극제비갈매기는 침입자 북극곰에게 반복적으로 급강하 공격을 퍼부으며, 심지어 상처를 입히기까지 한다. 이것은 침입자를 쫓아내는 놀라운 방법으로, 북극제비갈매기뿐 아니라 근처에 둥지를 틀고 있는 솜털오리류와 섭금류도 천적으로부터 보호한다.

북극지방에서 땅에 둥지를 트는 새들은 대부분 홀로 혹은 소규모로 모여 둥지를 튼다. 이런 규칙에서 벗어나는 인상적인 경우가 기러기류다. 이들은 10만 마리 이상이 모여 군집을 형성하기도 하는데, 겨우 한두 종이 북극지방의 여러 지역을 장악하고 있다. 전 세계의 모든 붉은가슴기러기가 러시아의 타이미르 반도에 둥지를 틀며, 아마도 80만 마리는 될 듯싶은 로스기러기는 캐나다의 노스웨스트 준주(準州)에, 그리고 전 세계의 모든 흰뺨기러기는 그린란드 동부와 노르웨이의 스발바르 동쪽에서부터 러시아의 노비야제믈랴 섬에 걸쳐 둥지를 튼다.

가장 수가 많은 것은 수백만 마리에 달하는 흰기러기다. 배핀 섬의 가장 큰 군집에는 46만 마리가 툰드라의 드넓은 지역을 뒤덮고 있어, 시선이 닿는 곳이면 어디나 온통 흰 점들이 넘쳐난다. 북극여우는 흰기러기의 알과 새끼를 훔쳐서 아주 풍족하게 지낸다. 고향인 터이기로부터 훨씬 멀리까지 모험을 떠나외 악탈을 일삼는 올빼린도 흰기리기기 감수해야 할 적이다.

푸르러지는 툰드라

한여름의 짧은 몇 주 동안 고북극지방의 툰드라에는 진정한 여름 느낌이 난다. 한낮에는 기온이 12℃까지 올라가고, 영구동토의 위층은 녹기 시삭하며, 24시간 햇빛이 비지기 때문에 툰드라의 식물은 짧지만 강렬한 성장기를 보낸다. 비교적 축축한 곳에는 황새풀이 땅을 덮고 있는데, 날개 달린 씨앗 다발이 든 하얀 보풀이 강한 바람에 날려 바다처럼 너울거린다. 이보다 건조하고 바위가 많은 부분—흔히 중습성 툰드라라고 부른다—에는 놀랄 정도로 많은 수의 현화식물이 자란다. 북위 82도에서도 서로 다른 90종의 현화식물(이에 상당하는 위도의 남극대륙에서는 지의류만 발견된다)이 있다.

이렇게 멀리 북쪽에서 꽃을 피우는 식물은 지독하게 추운 겨울과 짧은 여름철을 견디며 살아남는 방법을 찾아냈다. 북극의 모진 바람을 피하기 위해 이들은 모두 키를 낮추고 땅에 바짝 붙어 지낸다. 가장 좋은 예가 북극버들이다. 북극버들은 땅을 따라 기어가며 아무리 작아도 피난처가 될 만한 곳에는 어디나 들러붙는다. 멀리 북위 80도에서도 생존하는 북극버들은 세계에서 가장 강한 관목이며 나무로서는 유일하게 고북극 툰드라에서 자란다. 성장기가 겨우 6~8주에 불과해 100년을 자라도 높이가 몇 센티미터—추위가 만들어낸 분재—밖에 되지 않는다.

자주범의귀를 비롯한 많은 식물들이 촘촘하게 무리를 지어 자란다. 이것은 주위 온도보다 훨씬 따뜻한 미기후(microclimate, 주변 지역의 기후와 다른 제한되고 좁은 국소 지역의 기후—옮긴이)를 만들어낸다. 어떤 식물은 미세한 털에 덮여 있는데, 이런 털은 태양에 의해 따뜻해진 공기를 잡아둔다. 하지만 아마도 가장 영리한 것은 하늘에서 움직이는 태양을 추적하는 녀석일 것이다. 노란 북극양귀비와 하얀 담자리꽃나무는 햇빛을 잡기 위해 꽃잎을 사발처럼 딱 벌리고 하루 종일 똑바로 태양을 향하고 있다. 이러한 방법으로 꽃 중심부의 온도를 최대 10℃까지 상승시켜 씨앗을 빨리 자라게 할 뿐만 아니라 방문객 곤충들에게 따뜻한 은신처를 제공하는 것이다.

꽃가루 매개자

꽃은 꽃가루 매개자가 필요한데, 놀랍게도 북극에서는 이 짧은 온기 철을 이용하여 많은 수의 곤충이 나타난다. 가장 수가 많은 곤충은 고북극 툰드라에서 윙윙거리는 두 종의 호박벌이다. 이들은 절연성 털로 덮여 있고 근육으로 가득한데, 이들은 이 근육을 비행에 이용할 뿐만 아니라 근육을 떨어 열을 발생시킴으로써 주위 공기보다 체온을 훨씬 따뜻하게 유지한다. 효과적으로 온혈을 유지하면, 좀 더 오랜 기간 동안 먹이를 먹을 수 있고 아주 짧은 여름에 재빨리 생활사를 마칠 수 있다는 장점이 있다.

꽃을 피우는 식물이 있는 한 나비는 어디서나 나타난다. 극지표범나비류처럼 가장 북쪽에 있는 것들은 극지 부근에서도 나타난다. 외양은 남쪽의 친척들보다 땅딸막하고 어둡고 털이 많은 편인데, 모든 것이 온기를 유지하기 위해 적응한 결과다. 날개만이 보통의 크기지만 이 역시 온기를 잡는 데 사용된다. 햇빛이 가득한 날이면 나비들이 툰드라의 꽃에서 햇볕을 쬐는 모습을 볼 수 있다. 그러나 고북극지방의 나방과 나비 중 이 계절 안에 번식을 마치는 종은 없다. 그들의 애벌레는 모두 봄과 여름에 정신없이 먹이를 먹어치우며 최소한 2~3년에 걸쳐 겨울을 난다. 북극나방 애벌레는 14년이 걸려서야 번데기가 되기도 한다(75쪽, 293쪽 참조).

위
해를 따라. 북극양귀비의 꽃은 해가 하늘에서 움직이는 대로 따라간다. 꽃 안의 온도는 바깥 공기보다 따뜻하여 발생 과정에 있는 씨앗을 잘 품어준다.

맞은편
스발바르의 자주범의귀. 함께 떼를 지어 있으면 온기가 유지되어 눈이 녹은 뒤 바로 꽃을 피울 수 있다.

토끼와 늑대

겨울눈이 일단 완전히 사라지면 고북극지방의 거주자들 일부는 놀랄 만큼 노골적으로 제 모습을 드러낸다. 북극토끼는 크고 무게도 4킬로그램 이상—남쪽의 친척들에 비해 세 배는 더 무겁다—나갈 뿐만 아니라 색도 하얗기 때문에 회색과 녹색의 툰드라에서 유독 눈에 띈다. 아마 털빛을 바꾸어 위장을 하기에는 여름철이 너무 짧아서일 것이다. 대신 그들은 무리를 짓는다. 종종 10마리, 심지어 수백 마리씩 모이는데, 이는 포식자들을 경계하는 눈이 많다는 뜻이다. 위험을 감지하면 토끼는 뒷다리로 서서 포식자들이 있는지 유심히 살펴보고, 만일 발견하면 캥거루처럼 앞발을 가슴까지 올리고 깡충깡충 뛰어 도망간다. 이것은 의도적인 노출일 수도 있다. 늑대나 여우가 있다는 것을 알아챘으니 기습공격은 물 건너갔음을 늑대나 여우에게 알리는 신호인 것이다.

북극늑대도 일 년 내내 하얀색을 유지한다. 이들은 무리를 지어 사냥하는데 많은 수가 먹고살 만큼 먹이가 충분하지 않아서 무리는 좀처럼 7마리를 넘지 않으며, 보통은 함께 새끼를 기르는 어른 수컷과 암컷으로 구성된다.

영구동토에서는 굴을 팔 수 없으니 이들은 이미 만들어져 있는 굴을 찾아야 한다. 따라서 적당한 굴터는 수 세대가 해를 거듭하여 재사용한다. 고북극지방의 많은 늑대들은 외진 곳에 살아서 사람들로부터 사냥당한 적이 없으며 몹시 순하다. 여름에 새끼 늑대가 놀 때 굴 옆에 앉거나 어른 늑대들이 사냥을 떠날 때 그 옆에서 걸을 수도 있을 정도다. 자라나는 새끼가 먹을 만한 먹이를 찾기 위해 어른 늑대들은 1,600킬로미터씩 배회하기도 한다. 북극토끼를 가장 좋아하지만 늑대는 어떤 환경에도 적응하여 먹이를 취하는 섭식자여서 이보다 작은 먹잇감들, 이를테면 툰드라 웅덩이 주변에 둥지를 트는 철새 오리와 섭금류, 심지어 레밍도 사냥한다.

엘즈미어 섬의 북극토끼기가 경계태세를 취하고 있다. 눈이 녹아 털의 위장색이 더 이상 효과가 없어지면 북극토끼는 종종 모여서 무리를 짓는데, 아마도 수적인 우위를 바탕으로 포식자를 찾아내기 위해서인 듯하다. 뒷다리로 서면 키가 커지는데 이는 포식자가 보고 있는 것을 토끼도 알고 있다는 신호를 포식자에게 보내는 방식일 수도 있다.

맞은편
임무를 수행 중인 엘즈미어 섬의 북극늑대. 인간을 두려워하지 않는 젊은 수컷이 카메라맨을 살펴보고 있는데, 어쩌면 사람을 처음 본 것일 수도 있다. 이 수컷과 그 무리는 주로 북극토끼를 잡아먹지만 사향소도 사냥한다. 늑대들은 레밍도 먹는다. 그들의 고향인 엘즈미어 섬에서는 먹이동물의 수가 늑대의 수를 결정한다.

올빼미와 레밍

레밍은 많은 북극 포식자들에게 없어서는 안 될 주요 먹잇감이다. 북극지방의 또 다른 연중 거주자인 흰올빼미는 새끼들 먹이를 레밍에 의존하는데, 여름 한 철 동안 한 쌍의 흰올빼미가 새끼들에게 먹이는 레밍이 2,500마리 이상일 때도 있다. 세 종의 레밍 중에서 가장 북쪽에 사는 것은 목걸이레밍으로, 캐나다 북극지방의 북위 82도에 위치한 엘즈미어 섬에서도 산다. 겨울에는 하얗게, 여름에는 갈색으로 눈에 띄지 않게 털색을 바꾸는 것은 포식압(predation pressure, 포식이 개체수에 미치는 영향, 잡아먹혀 개체수가 감소되는 것을 말한다.─옮긴이) 때문인 것으로 추정된다. 흰올빼미에게 문제가 되는 것은 레밍을 찾아내는 것이 아니라 레밍 개체수가 변동하는 것이다. 어떤 해에는 툰드라에 레밍이 거의 없으며, 어떤 해에는 헥타르(1만 제곱미터)당 250마리 이상의 밀도로 사방에 널려 있다. 흰올빼미는 먹이동물에 크게 의존하기 때문에 레밍이 별로 없는 해에는 새끼도 적게 낳는다.

무리와 떼

늑대들이 무리를 지어 사냥하는 것은 보다 큰 먹이를 잡기 위해서다. 멀리 남쪽에서 늑대들은 매년 여름 새끼를 낳으러 북쪽의 툰드라로 이동하는 순록을 추격한다. 순록이 없는 극북에서는 사향소를 공격한다. 이 육중한 동물은 수가 적은 늑대 무리가 상대하기에는 버거운 상대라 늑대들은 새끼를 집중공격한다. 늑대들은 무리에 대혼란을 일으키려고 사향소들 사이로 뛰어든다. 그 와중에 새끼가 뒤처지기를 바라는 것이다. 늑대가 어린 사향소를 잡는 데 성공해도 어른 사향소들이 늑대를 쫓아내고자 힘을 합쳐 다른 새끼들을 둘러싸는 경우도 있다. 사향소들이 새끼를 보호하며 서로 등을 돌리고 서서 뿔의 장벽을 만들어 내면, 아무리 배가 고픈 늑대라도 게임이 끝났음을 인정할 수밖에 없다.

남쪽의 여름

남극대륙에는 여름철에도 북극지방처럼 온화한 곳이 없다. 남극점의 온도는 따뜻한 여름
날에도 -25℃ 이상 올라가지 않는다. 북극점의 일부 한겨울 날보다 춥다. 남극대륙이 훨
씬 추운 이유 중 하나는 고도 때문이다. 남극대륙의 고도는 지구에서 가장 높다. 그러나
진짜 차이는 남극대륙의 고립으로부터 기인한다. 북극지방이 온난한 땅덩어리들에 둘러
싸인 얼어붙은 바다라면, 남극대륙은 북쪽으로부터 오는 따뜻한 공기와 해류를 차단하는
남빙양에 둘러싸인 대륙이다.

이 거센 바다의 한가운데에 아남극의 섬들이 있다. 일 년 내내 해빙이 없는 이곳은
비교적 온화한 해양 기후를 유지한다. 여름날의 사우스조지아 해안은 방한복을 벗고 걸
을 수 있을 정도다. 푸르른 덤불풀이 부드러운 바람에 흔들리고, 위에서는 극전선 남쪽의
유일한 명금류인 사우스조지아 밭종다리의 아름다운 노랫소리가 들려온다.

그러나 아남극의 여름은 그다지 쾌적하다고 할 수 없다. 이맘때 사우스조지아의 온
화한 북쪽 해안을 따라 이어지는 일부 임금펭귄의 군서지에는 새끼를 낳는 10만 쌍 이상
의 펭귄들이 있다. 어른 펭귄들은 배를 깔고 엎드리거나 맨발을 통해 열을 내보내거나 바
다에 들어가 시원하게 냉수욕을 할 수 있지만, 지난해에 태어난 수천 마리의 새끼들은 갈
색 솜털로 덮혀 있어 여전히 열이 빠져나가지 못하며, 여름이 끝날 때까지 깃털이 완전히
다 나지 않는다. 새끼들은 헤엄을 치지 못한다. 대신 군서지 사이로 흐르는 빙하의 냇물
에 잠깐 몸을 적시거나 진흙으로 목욕을 한다. 어미로부터 버려진 새끼 코끼리물범들도
아직 털갈이 중이고, 계속해서 젖은 모래를 등에 튀기면서 몸을 식히려고 한다. 이들은
여름이 끝날 즈음까지 바다에 들어가지 않는다.

한여름이 되면 사우스조지아 서쪽 끝의 일부 해변은 남극물개들로 가득 찬다. 공격
적인 수컷들은 자신의 하렘을 지키느라 지나가는 건 무엇이든 물어뜯는다. 이 물개들은
아남극 섬에만 한정되어 살며, 개체수의 95퍼센트 이상이 사우스조지아에서 번식한다.
이들은 크릴을 먹이로 삼는다. 1930년대에 크릴을 먹는 고래들이 대량 학살된 이래 크릴
이 증가하자 이들의 개체수도 영향을 받은 듯하다. 오늘날 사우스조지아에 있는 남극물
개의 수는 최소한 200만 마리로 추정되며, 어쩌면 400만 마리에 이를 수도 있다.

붐비는 해변

여름이 최고조에 달하면 해변을 가득 메운 생명체들이 장관을 이룬다. 해변의 한 부분과 10여 마리 하렘을 차지하려는 수컷 물개들의 경쟁이 심해서 한여름 즈음이면 물가의 가장 좋은 자리는 그 크기가 반 이상 줄어든다. 짝의 몸무게보다 최소한 네 배는 더 나가는 수컷 물개는 모든 것을 크기로 말한다. 자리 잡은 수컷들 사이의 영역 다툼은 대개 머리를 높이 치켜들고 곁눈질로 노려보고 서로 대적하면서 정리된다. 진정한 싸움은 새로 도착한 수컷들이 영역을 차지하기 위해 필사적으로 돌진할 때 일어난다.

　해변에 도착하고 이틀 뒤면 암컷들은 새끼를 낳는다. 출산은 놀라우리 만큼 동시에 진행되어, 단 3주 만에 새끼들의 90퍼센트가 태어난다. 12월 말에 이르면 어미 물개들은 새끼들을 싸움터에서 떨어진 해변 뒤 덤불풀로 이동시킨다(새끼들의 40퍼센트가 수컷들이 싸울 때 짓밟힐 수 있다). 그 다음 약 3개월 동안 암컷은 여름에 증식하는 크릴을 먹으며 젖을 만들어낸다. 매번 먹이 여행에 나설 때마다—해안에서 최대 90킬로미터까지 헤엄쳐서—암컷은 7킬로그램의 크릴을 잡아야 계속 젖을 공급할 수 있다.

첫 번째 비행

크리스마스가 되면 사우스조지아에 있는 수백만 마리의 새끼 바닷새들이 대부분 알에서 깨어난다. 그러나 나그네알바트로스의 새끼들은 이제 막 깃털이 나려고 한다. 거의 10개월을 둥지에서 보낸 뒤 새끼 나그네알바트로스는 겨우내 그들을 따뜻하게 해주었던 하얀 솜털을 잃어버리고, 세찬 바람이 불 때마다 3.5미터 길이의 날개로 비행 연습을 한다. 비행 생활을 하기에는 완벽하지만 육상 생활에는 형편없게끔 설계된 이만한 크기의 새에게 첫 번째 비행은 겁나는 일이다. 나그네알바트로스는 가파른 절벽 근처에 둥지를 트는데, 이곳의 강한 바람은 이륙에 필요한 상승기류를 제공한다. 그러나 하도 많이 실패를 하다 보니 덤불풀 활주로가 물갈퀴 달린 커다란 발로 짓밟혀버린다.

　다음 5~6년 동안 어린 나그네알바트로스는 남빙양을 떠돌아다니다가 사우스조지아 땅으로 돌아간다. 짝을 지으려면 또 2년을 기다려야 한다. 이들은 70년 이상을 자신의 짝에 충실하며 보낸다.

바나나 지대에서 번식하기

남극반도와 그 해상의 섬들은 바나나 지대(Banana Belt)라고 불리기도 한다. 남극대륙의 나머지 부분보다 훨씬 더 북쪽으로 뻗어 있는 남극반도는 봄이 오면 제일 먼저 해빙에서 자유로워지며, 여름에는 기온이 종종 0℃ 이상으로 상승하여 눈 대신 비가 내리기도 한다. 여름의 야생 생물들에게 남극반도가 중요한 것은 그나마 조금 온난한 기후 때문만은 아니다. 겨울눈이 일단 사라지면 노출된 암석의 98퍼센트가 이곳에서 발견된다. 이런 자원은 번식기의 펭귄에게는 너무나 중요하며 이들은 접근 가능한 바위를 거의 모두 차지한다. 젠투펭귄은 비교적 따뜻한 북단에 머물고, 턱끈펭귄은 중부를 장악하며, 총빙에서의 삶에 좀 더 적응한 아델리펭귄이 제일 남쪽에서 생존한다.

남극대륙의 유일한 갈매기인 남방큰재갈매기는 극전선 남쪽에서 발견되는 유일한 가마우지인 남극가마우지처럼 이곳에 둥지를 튼다. 북극제비갈매기는 북극의 번식지로부터 4만 킬로미터를 날아온다. 이 기록적인 이동을 통해 북극제비갈매기는 일 년에 두 번씩 극지에서 여름을 보내며 풍요로운 극지방의 바다에서 항상 물고기를 잡는다.

여름에 녹는 눈과 비는 식물에게 매우 중요한 담수를 제공하며, 일부 넓은 면적에는 이끼가 자란다. 남극대륙에 두 종밖에 없는 현화식물인 남극좀새풀과 촘촘하게 자라나는 분홍색 작은 남극개미자리도 이곳에서 발견된다.

생명으로 넘쳐나는 남빙양

지구에서 가장 큰 계절성 변화는 봄이면 최대 1,900만 제곱킬로미터에 이르던 남극대륙 주변의 해빙이 가을이 끝날 즈음 겨우 300만 제곱킬로미터로 줄어드는 것이다. 이렇게 엄청난 규모로 녹아내리는 현상은 해양 생산성의 폭증을 촉발하면서 북극지방의 동물들보다 남극 동물들의 삶에 더 큰 영향을 미친다. 겨우내 얼음 밑에서 자라고, 빛이 그리 강하지 않아도 광합성을 할 수 있는 미세한 조류가 엄청나게 방출된다. 이것이 크릴의 먹이가 되고, 이를 통해 크릴이 증식하여 남극 해양 생태계에 에너지를 공급한다. 여름에는 길이가 5센티미터밖에 안 되는 새우같이 생긴 이 갑각류들이 엄청나게 무리를 지어 방대한 면적에 걸쳐 바다를 붉게 물들인다. 남극대륙에서 크릴의 총 중량은 5억 톤에 달하기도 한다.

고래의 도착

크릴은 남극대륙 바닷새 대부분과 많은 물범들의 매우 중요한 먹잇감이다. 여름에는 서로 다른 여섯 종의 고래—혹등고래, 흑고래, 대왕고래, 참고래, 보리고래, 밍크고래—가 열대지방의 번식지에서 먹이를 찾아 내려오며, 수백 마리가 남극반도의 안전한 해역을 따라 발견되기도 한다. 모두 수염고래류로, 거대한 입안에 걸려 있는 고래수염판을 사용하여 크릴을 걸러낸다.

고래들은 크릴 떼의 깊이에 따라(크릴 떼는 하루를 주기로 물기둥 위아래로 이동한다) 각기 다른 기술로 크릴을 잡는다. 크릴이 수면에 있을 때 대부분의 고래들은 밑에서부터 뛰어나와 한입 가득 크릴을 담고 턱을 확 닫은 뒤 고래수염 체로 물을 걸러 내보낸다. 고래들은 종종 공동 작업을 하기도 하는데, 서너 마리가 트랙터처럼 줄을 지어 물을 가르며 전진한다. 이들은 서로 대각선으로 움직이며 다른 고래가 몰아낸 크릴을 먹어치운다. 남방흑고래와 보리고래도 입을 열고 함께 헤엄치며 수면에서 크릴을 걷어낸다.

크릴 떼가 이보다 깊은 곳에 있으면 혹등고래는 북극지방의 바다에서 물고기를 잡을 때 사용하던 기술을 쓴다. 두 마리가 함께 크릴 떼 속이나 밑으로 잠수한다. 30톤에 육박하는 이 동물들은 다시 수면으로 올라오면서 서로를 나선 방향으로 돌며 동시에 거품을 방출한다. 거품은 기둥 모양으로 올라오는데, 이 기둥은 각각 원통형 덫을 반반씩 만들어낸다. 겁에 질린 크릴이 거품 고리의 가운데로 뛰어들면 고래들은 입을 딱 벌린 채 덫의 가운데로 힘차게 올라 풍부한 갑각류 먹이를 삼킨다.

바다의 늑대

북극의 물범들처럼 북극곰의 위협을 받지는 않지만 남극의 물범들에게는 다른 포식자가 있다. 게잡이물범의 80퍼센트가 얼룩무늬물범의 이빨에 물린 상처를 가지고 있다. 그러나 얼룩무늬물범이 사냥하는 건 대부분 새끼들뿐이다. 남극 물범을 진짜 위협하는 것은 얼음의 후퇴와 함께 남쪽으로 밀려들어오는 훨씬 더 막강한 포식자, 바로 범고래들이다. 사실 북극지방에서도 여름에 해빙이 전년에 비해 줄어들게 되면서 범고래는 새로운 영역으로 모험을 감행한다. 범고래들이 점점 더 자주 보이면서 연구자들은 남빙양에서 사냥을 하는 범고래들을 그 생김새와 행동에 따라 최소한 세 종류(A, B, C로 표시)로 구분할 수 있게 되었다.

물범 사냥 기술

물범을 주로 사냥하는 것은 B형 범고래로, 인간 이외의 동물이 보여줄 수 있는 단체 협동 사냥의 가장 극적인 예를 보여준다. 소규모의 고래 무리가 깨진 총빙 사이에서 적당한 물범을 찾기 시작한다. 이들이 좋아하는 먹이는 웨들물범인데, 아마도 게잡이물범은 이들보다 공격적이고 잘 움직이기 때문인 듯하다(그리고 얼룩무늬물범은 공격적이고 강력한 포식자다). 그러나 범고래는 수면 위로 올라오면 시력이 형편없어지기 때문에 그들의 첫 번째 과제는 먹잇감을 확인하는 일이다.

범고래 떼는 사방으로 흩어지고, 각 개체들은 스파이호핑(spyhopping)—몸을 똑바로 세워 물 밖으로 나와 얼음을 살피고, 그런 다음 물범에 가까이 다가가 눈여겨본다—동작을 취한다. 일단 적당한 웨들물범을 찾아내면 범고래는 그 물범이 올라 있는 얼음을 살펴본다. 작고 납작한 얼음이라면 깨뜨리기도 쉽고, 파도를 밀어붙여 쉽게 뒤집을 수도 있다. 물범과 얼음 모두 검사를 통과하면 범고래는 물 밑으로 사라져 무리 속의 다른 고래들을 부르는 듯하다. 이들은 단 몇 분 만에 등장한다. 그러면 최대 6마리의 고래들이 동시에 물범 주위에서 스파이호핑 동작에 들어간다. 일단 딱 맞는 종류의 얼음 위에 딱 맞는 물범이 있다고 판단되면 게임을 시작한다.

이제 범고래 떼는 공격을 준비한다. 동작을 일치시키기 위해 나란히 헤엄치면서 얼음으로부터 멀어진다. 그러다가 평행선 대형으로 갑자기 방향을 바꿔 꼬리를 율동적으로 위아래로 움직이며 전속력으로 물범에게 달려든다. 범고래들이 접근하면 그들의 머리 앞에 파도가 만들어지고 꼬리 위에는 더 큰 파도가 만들어진다. 범고래들은 얼음 밑으로 지나가며, 첫 번째 파도로 얼음을 기울어뜨리고 그런 다음 두 번째 파도로 얼음을 밀어붙인다. 이 과정에서 파도에 휩쓸린 물범이 떨어지기도 한다. 얼음이 크면 범고래들은 계속 파도를 얼음으로 보내 얼음을 좀 더 잘게 부서뜨린다. 범고래들은 돌아서서 머리를 들고 물범의 위치를 파악하는데, 대개 물범은 얼음 조각 위로 다시 기어올라간다. 그러면 범고래 한 마리가 무리에서 떨어져 나와 작은 얼음 위의 물범을 바다로 내몰기도 한다. 이제 범고래들은 다시 무리를 지어 공격에 공격을 가한다. 이들은 일련의 집중공격으로 물범에게 달려들고 반복적으로 파도로 물범을 휩쓸어 얼음에서 떨어뜨린다.

물범이 물속으로 들어가면 범고래들은 밑에서부터 거대한 거품 구름을 뿜어내어 물범을 얼음에서 멀리 떨어뜨린 뒤 돌진하여 물범을 잡아챈다. 물려고 하는 물범의 입을 조심스럽게 피하면서 범고래들은 뒤쪽 지느러미를 잡아 아래로 당긴다. 범고래들이 처음에 물범을 발견하여 물범이 포기하고 마지막으로 무너질 때까지는 30분 정도가 걸린다.

무리의 우두머리들. 30마리의 범고래로 이루어진 선발 계주팀이 밍크고래가 얕은 바다로 달아나지 못하게 막는다. 그들 중 한 마리는 밍크고래의 턱 바로 옆에서 헤엄을 치고 있다. 밍크고래는 결국 두 시간 반 만에 범고래들의 공조에 굴복했다.

고래잡이 범고래

여름이 되면 A형 범고래는 남극대륙 전체를 둘러싼 북쪽 먼 바다에서 발견된다. 이들은 B형 범고래보다 덩치가 크며 밍크고래를 추격하여 잡는 데 전문이다. 속도를 낼 수 있도록 유선형으로 설계된 밍크고래를 추격한다는 것은 이들이 진정 솜씨 좋은 사냥꾼이라는 의미이다. 30마리로 된 일단의 범고래는 2시간 반 이상이나 추격을 계속하기도 했다. 밍크고래는 속도를 높이려고 자주 물 위로 곧장 올라오면서 평균 시속 16킬로미터라는 놀라운 속도를 유지했다. 각각의 범고래는 이런 속도를 유지할 수 없었다. 따라서 그들은 계주를 하듯 두 마리씩 밍크고래 옆에서 헤엄을 치며 밍크고래의 속도를 늦추려고 했다.

필사적으로 달아나던 밍크고래는 빠져 죽지 않기 위해 얕은 물에서 휴식을 취하려 했지만 범고래들이 용케 탈출로를 차단했다. 측면을 물려서 치명상을 입고 지친 밍크고래는 가장 큰 범고래가 아래로 밀자 결국 익사했다.

협동 사냥

위

잠재적인 먹잇감인지 확인하기. 얼음 위에 있는 동물이 웨들물범이라는 것을 확인하면 범고래들은 멀리서 대열을 이루며 모여든다. 그런 다음 협공을 시작한다. 목표는 바닷물로 물범을 얼음에서 떨어뜨리는 것이다.

1. 고래들이 동시에 똑같이 움직이는 대열을 이루며 얼음을 향해 빠르게 헤엄쳐서 파도를 만들어낸다.
2. 고래들이 얼음 아래로 잠수하면서 뒤에 두 개의 파도를 남긴다.
3. 고래들이 밑으로 지나가며 첫 번째 파도가 얼음을 기울어뜨리자 물범이 몸을 움츠린다.
4. 정확한 각도로 두 번째 파도가 솟아오른다.
5–6. …… 솟아오른 파도가 얼음을 덮쳐 물범을 씻어 내린다.

2
3
5
6

아델리펭귄의 최종 기한

12월 말이 되면 멀리 남쪽에서 해빙이 깨지기 시작한다. 남극대륙 본토의 해변을 따라 둥지를 튼 아델리펭귄들은 새끼들이 부화하면 마침내 바로 앞의 바다로 나아갈 수 있게 된다. 자라나는 새끼들을 먹여살리기 위해 여러 차례 먹이를 잡으러 나갔다 와야 하므로 시기가 매우 중요하다. 실제로 그 어떤 아델리펭귄도 여름에 최소 규모로 줄어든 해빙을 넘어 더 멀리 남쪽에 둥지를 틀 수는 없다.

남극의 펭귄(황제펭귄을 제외하고)들은 모두 번식 주기가 비슷하다. 크리스마스경이 되면 7주 전에 낳은 알에서 두 마리의 작은 새끼 펭귄이 부화한다. 처음 2주 동안은 새끼들이 추위에 매우 민감하므로 항상 품어줘야 한다. 잘 먹인 새끼는 하루에 100그램씩 몸무게가 늘어나며, 3주 뒤에는 부모들이 탁아소에 남겨 두고 먹이를 찾아 바다로 떠나도 될 만큼 자란다.

수백 마리의 어른 펭귄들이 최대 24시간씩 지속되기도 하는 먹이 여행을 오고가느라 아침저녁으로 혼잡이 계속된다. 펭귄은 눈에 띄는 사냥꾼이다. 따라서 24시간 빛이 있어 하루 종일 왔다 갔다 할 수 있는 극남의 아델리펭귄 군서지보다 좀 더 북쪽에 자리한 턱끈펭귄과 젠투펭귄 군서지의 혼잡이 훨씬 두드러진다.

젠투펭귄은 군서지 근처의 얕은 바다에서 발견되는 작은 물고기를 전문적으로 잡으며 비교적 짧은 거리를 다닌다. 턱끈펭귄은 주로 크릴을 집중공략하며, 아델리펭귄은 시기에 따라 크릴과 작은 물고기를 모두 잡는다. 전형적으로, 아델리펭귄과 턱끈펭귄은 군서지로부터 30~40킬로미터 떨어진 곳까지 먹이를 잡으러 간다. 부모가 먹이를 찾아 70킬로미터 이상 먼 곳으로 가면 새끼들의 고생이 시작된다.

아델리펭귄 새끼들이 크기가 작고 주변에 아직 해빙이 많이 남아 있는 연초에 부모들은 멀리 대륙사면의 크릴을 찾아 보다 먼 여행을 한다. 그러나 후에 새끼들이 커지고 얼음이 없어지면 근처 대륙붕에서 주로 물고기를 잡는다. 잠수해서 크릴을 잡기까지는 3분 정도가 걸리며, 보통은 50미터 미만으로 잠수하지만 170미터까지 잠수하는 경우도 있다. 아델리펭귄 한 마리는 한 번 잠수할 때마다 25그램의 크릴을 잡을 수 있다. 시간으로 환산하면 분당 1.3마리의 크릴을 잡는 셈이지만 경쟁이 치열하다. 새끼 한 마리를 기르려면 23~33킬로그램의 크릴이 필요하기 때문이다. 남극의 여름은 짧으며, 가을이 끝나기 전에 아델리펭귄 새끼의 50퍼센트는 죽게 될 것이다.

4장 | 가을

물러가는 생명

극지방의 가을은 빨리 오고, 또 오래 지속되지도 않는다. 특히 고위도에서는 온기를 주는 태양의 영향력이 짧기만 하다. 그리고 곧 그 자리를 겨울의 냉기가 차지한다. 기온은 급격히 떨어지고, 노출된 바위나 북극의 툰드라를 새로운 눈이 뒤덮으며 바다는 얼기 시작한다. 극지방은 지구에서 가장 계절성 변화가 심한 곳이라, 가을이 오면 동물들은 세 가지 전략 중 하나를 택한다. 사향소, 북극여우 또는 황제펭귄 같은 소수의 동물들은 겨울을 끝까지 버텨낸다. 레밍이나 웨들물범 같은 동물들은 눈이나 얼음 밑에서 지내며 생명을 이어간다. 그러나 대부분은 암울한 극지방의 겨울을 피해 위도가 낮은 곳으로 떠난다.

얼음 가장자리에 모여들다

북극곰에게 가을은 일 년 중 가장 힘든 시기다. 9월에 이르면 북극 해빙의 50퍼센트는 녹아 없어진다. 겨울이 끝날 무렵 최대 1,500만 제곱킬로미터에 이르렀던 해빙의 면적은 500만 제곱킬로미터 정도밖에 남지 않는다. 사냥을 할 얼음 발판이 사라짐에 따라 많은 북극곰들은 할 수 없이 육지로 올라가야만 한다.

보통은 홀로 지내는 북극곰이 캐나다 허드슨 만의 해안을 따라 엄청난 수로 모여든다. 10~20마리의 곰들이 같은 해안선 일대를 공유하는 모습이 심심찮게 목격된다. 물범을 잡을 수 없게 된 북극곰은 할 수 없이 죽은 고기나 쓰레기를 찾아다닌다. 어떤 녀석들은 관목에서 섬세하게 크로베리(시로미 열매)를 따고, 어떤 녀석들은 오래된 뼈, 바닷말, 심지어 풀로 연명한다. 그러나 대부분의 경우는 바다가 다시 어는 11월까지, 좀 더 최근에는 12월 초까지 굶주리며 그냥 기다린다.

힘을 아끼기 위해 곰은 가능한 한 많이 쉬지만 가을에 이렇게 모이다 보면 수컷들끼리 서로의 힘을 평가할 기회도 갖게 된다. 600킬로그램이나 나가는 수컷 두 마리가 뒷다리로 똑바로 일어나 서 있는 모습은 꽤 멋진 볼거리다. 때로는 머리를 비스듬히 하고 입은 벌린 채 서로 치고받는 연습을 하는 것처럼 보이기도 한다. 아니면 서로 어깨를 잡고 하나가 균형을 잃을 때까지 맞붙어 싸우기도 한다. 얼마든지 서로에게 끔찍한 부상을 입힐 수 있지만 그런 경우는 극히 드물다. 그저 목이나 어깨를 살짝 무는 정도다. 그런 싸움 놀이는 보통 몇 분간만 지속되며 힘이 비슷한 상대 사이에서만 일어난다. 암컷에 대한 경쟁이 절정에 달하는 봄에 있을 진짜 싸움 전에 힘을 시험해보는 것이다. 진짜 싸움은 잔인하며 심지어 죽음으로 끝을 맺기도 한다. 하지만 겨울이 오기를 기다리는 지금은 서로 힘을 자제한다.

위
해빙의 생성. 바다가 얼면 북극곰들은 다시 물범 사냥을 시작할 수 있다. 지난 몇 년간 정상적인 가을과 겨울보다 온도가 올라가서 얼음 생성이 늦어졌다.

맞은편
경고. 바다가 얼 때까지 북극곰은 해안에서 오도 가도 못 한다. 이 사진에서 랭겔 섬의 커다란 수컷 북극곰이 으르렁대며 다른 북극곰을 쫓아내고 있다. 크기 덕에 이 수컷은 우위를 차지한다.

앞장
초가을 랭겔 섬의 신세대 북극여우. 이들은 겨울까지 부모와 함께 머물 것이다. 사냥과 남은 먹이를 숨기는 능력은 물론 썩은 고기를 찾아먹는 능력이 기회 섭식자인 이들의 생존을 좌우한다.

허물 벗는 시간

여름이 끝날 때 북극 해안을 따라 몰려드는 고래들의 모습은 인상적이다. 아직 얼음이 없을 때 몇몇 강어귀에는 많은 수의 흰돌고래들이 모여든다. 고래들은 전통적인 이동 경로를 따라 수 세기 동안 이용했던 얕은 삼각주로 향한다.

캐나다 북극지방의 커닝엄 만에는 매년 7월과 8월에 2,000마리 이상의 흰돌고래가 모여든다. 태어난 지 한 달밖에 안 된 어린 새끼는 어미가 만들어내는 후류(後流 slipstream, 빠르게 움직이는 물체의 바로 뒤에 생성되는 것으로, 압력이 낮거나 앞으로 빨려 들어가는 공기나 물의 흐름을 말한다.—옮긴이)를 타고 간다. 새끼는 아직 분홍빛이 도는 회색을 띠고 있는데 앞으로 5년 동안은 흰색으로 변하지 않을 것이다. 이런 특별한 모임은 먹이나 짝짓기를 위한 것이 아니다. 흰돌고래는 한 해의 허물을 벗기기 위해 모여든다.

삼각주의 돌바닥에 몸을 비비고 뒤틀면서 흰돌고래는 약간 누렇게 변한 여름 피부를 문질러 벗겨내고 하얀 새 피부를 드러낸다. 이들이 이 특정한 강어귀를 선택하는 데에는 두 가지 이유가 있다. 첫째, 강의 수심이 비비기에 알맞고, 적당한 자갈이 있어 문지르기를 완벽하게 할 수 있다. 둘째, 아마도 강에서 내려오는 담수는 짠 바닷물보다 흰돌고래의 피부에 자극을 덜 줄 것이다.

그러나 흰돌고래는 오래 머물 수 없다. 가을이 오면 바다는 해안을 따라 얼기 시작한다. 추위가 확산되면서 매일 5만 2,000제곱킬로미터의 바다가 얼음으로 변하며 고래들을 남쪽으로 몰아낸다. 북극고래는 얼음이 없는 탁 트인 바다를 찾아 최대한 멀리 이동하는데, 남쪽으로 8,000킬로미터나 헤엄쳐 갈 때도 있다. 일각고래와 흰돌고래는 전진하는 총빙의 가장자리를 따라 훨씬 북쪽에 머문다. 이들은 심지어 90퍼센트가 총빙으로 덮여 있어도 얼음 아래에서 숨 쉴 곳을 능숙하게 찾아내는 듯 보이며, 최대 20분 동안 물 밑에서 숨을 참으며 얼음이 없는 바다를 찾아 3킬로미터씩 이동하기도 한다. 먹이를 잡는 데 이용하는 이들의 고도로 민감한 반향정위(echolocation, 동물이 자신이 내보낸 소리가 주변 물체에 부딪쳐 다시 돌아오는 소리로써 그 물체가 어디에 있고 무엇인지 알아내는 것을 말한다. 주로 이동과 먹이 사냥에 이용한다.—옮긴이) 체계는 심지어 숨을 쉴 수 있는 가장 작은 구멍까지 찾게 해준다.

남쪽으로 이동

매년 여름 북극지방에서 새끼를 낳는 180종의 새 중 이곳에서 겨울을 나는 새는 10여 종 미만이다. 육지와 바다가 모두 얼어붙기 전에 남쪽으로 향하는 시합에서 어린 새끼들은 가장 큰 도전에 직면한다. 바닷새들의 절벽 위에 올라선 새끼 바다오리는 깃털은 다 나왔지만 뭉툭한 날개는 제대로 날기에는 아직 너무 짧다. 그래도 멀리 아래에 있는 바다까지 혼자 힘으로 가야만 한다. 부모의 격려를 받은 새끼들은 날개를 활짝 펴고 그대로 수직 하강을 하는데, 난다기보다는 미끄러지는 것에 가깝다. 운이 좋은 것들은 물까지 도달하지만 대부분은 거기까지 이르지 못하고 절벽 아래 해변에 부딪쳐 팅겨 나간다. 그들을 기다리고 있는 것은 배고픈 북극여우들이다. 북극여우들은 최대한 능력을 발휘해 새끼 새들을 잡으며, 다 못 먹은 것은 겨울철 먹이로 비축한다. 엄청난 수의 어른 새와 새끼 새들이 물로 모여든다. 새끼들이 날지 못하기 때문에 새의 가족들은 자꾸만 다가오는 얼음을 피하기 위해 천천히 남쪽으로 헤엄쳐 가는 수밖에 없다.

새들이 가을에 얼마나 멀리까지 가느냐는 추위가 아니라 먹이의 부족에 의해 결정된다. 뇌조와 큰까마귀 같은 일부 새들은 고북극지방을 전혀 떠나지 않는다. 뇌조는 북극에서 겨울을 나는 사향소와 긴밀한 관계를 맺음으로써 이득을 얻는다. 사향소는 육중한 머리와 강력한 발을 사용하여 눈 밑을 파헤쳐서 지의류와 기타 식물을 찾아낸다. 이때 파헤친 땅을 약간 남기는데, 바로 이곳에서 뇌조도 먹이를 찾아 먹는다.

흰올빼미와 흰매는 겨울의 가장 추운 시기를 피해 남쪽으로 비교적 짧은 거리를 이동하지만, 대부분의 북극지방 새들은 겨울로부터 완전히 도망친다. 흰기러기는 따뜻한 미국 남부 주를 택하고, 세가락도요와 흰등줌노요 같은 많은 바닷새들은 멀리 남반구까지 이동한다. 이러한 대규모 이동은 이 새들이 먹이를 잡아먹을 수 있는 남반구와 북반구의 여름날을 찾아 일생의 대부분을 보낸다는 것을 의미한다.

붉게 변하는 툰드라

가을이 오고 날이 점점 더 짧아지기 시작하면 버들, 난쟁이자작나무, 블루베리 그리고 툰드라의 기타 식물은 남쪽의 낙엽림처럼 멋지게 색깔을 바꾼다. 이들은 광합성에 필요한 녹색 색소 생산을 중단하며, 대신 붉고 노란 색소를 축적한다. 광활한 툰드라의 다채로운 색깔을 배경으로 자연에서 가장 인상적인 전투가 벌어진다.

늦여름과 초가을은 사향소의 발정기다. 모든 수컷이 암컷들의 하렘—최대 20마리—을 지배하고 싶어 하며, 암컷들이 발정하기 시작하면 행동을 개시한다. 수컷은 입술을 말며 암컷들의 소변 냄새를 맡아 그들의 배란 여부를 알아본다. 또한 얼굴 샘에서 나오는

향으로 자신의 영역 안에 있는 관목에 표시를 해둔다. 바로 이 사향 때문에 사향소란 이름을 갖게 되었다.

　적수가 먼저 깊고 큰 소리를 내며 자신의 접근을 알린다. 하렘 소유자도 되받아서 큰 소리를 내고 뿔로 툰드라를 파기 시작한다. 잠시 지속적으로 큰 소리를 교환하다가 결국 두 수컷은 서로의 크기와 힘을 비교하기 위해 과시 행동에 들어간다. 몇 번 머리를 받아 적수의 의도를 시험한 뒤 바로 싸움을 시작한다. 둘은 머리를 좌우로 흔들며 천천히 뒤로 물러난다. 그러다가 전속력으로 돌진하는데, 그 속력이 최대 시속 50킬로미터에 달한다. 육중한 머리가 부딪치며 금이 가는 소리가 크게 나고, 그 충격파가 털이 수북한 외피에 물결처럼 전해진다. 그들이 그런 충돌에도 살아남는 이유는 이마보다 뿔과 두개골이 훨씬 두껍기 때문이다. 대개 그렇게 뇌를 몇 차례만 강타하고 나면 싸움의 승자가 결정된다.

순록의 충돌

9월 중순에 이르면 카리부(북아메리카의 순록)는 발정기에 들어갈 준비를 마친다. 5개월 동안 수컷에게는 동물 세계에서 가장 멋진 뿔이 자란다. 무게는 말코손바닥사슴의 뿔이 더 무겁지만 체중에 비하면 순록의 뿔이 더 크다. 순록의 뿔에는 납작한 손바닥 모양의 가지인 셔블(shovel, 삽)이 달려 있다. 순록의 코와 주둥이 앞에 튀어나와 있는 이것은 발정기에 벌어지는 잔인한 싸움에서 방어용으로 쓰이는데, 적수의 뾰족한 뿔로부터 순록의 눈을 보호해준다.

수컷 순록의 뿔을 보면 나이, 힘, 건강을 알 수 있다. 순록은 매년 뿔갈이를 하고, 계절마다 지난번보다 큰 뿔이 새로 자라 5~6년이 지나면 최대 크기에 이른다. 가을이 오면 수컷의 모습과 행동이 변하는데, 목이 부풀어오르고 공격적이 된다. 그들은 30여 초 정도 짧게 연습시합을 하면서 서로의 힘을 가늠한다. 적수인 수컷들은 조심스럽게 서로의 뿔을 맞물리게 한 다음 밀고 돌리며 상대의 힘을 가늠한다. 그러나 진짜 싸움은 10월이나 11월 초, 그리고 번식기에나 시작된다.

우세한 수컷은 다른 수컷들로부터 공격적으로 자신의 암컷들을 지킨다. 힘이 비슷한 수컷만이 부상의 위험을 감수하고 도전을 감행할 것이다. 수컷 순록은 크게 다치거나 심지어 죽기도 하며, 너무 격렬한 발정 상태로 인해 급격히 쇠약해져서 겨울을 넘기지 못하기도 한다. 일단 발정기가 끝나면 수컷의 뿔은 떨어진다. 그러나 사슴 종류 중 유일하게 뿔을 지닌 순록 암컷은 봄에 새끼를 낳을 때까지 뿔을 유지한다. 겨울에 최고의 섭식지를 놓고 싸울 때 뿔이 유용한 역할을 하는 것으로 보인다.

캐나다 배런랜즈의 툰드라를 가로질러 북쪽으로 이동해왔던 약 200만 마리의 순록들은 매년 가을이 되면 겨울을 나기 위해 남쪽으로 돌아간다. 이들이 이렇게 이동하는 것은 눈 때문이다. 북극지방 최대의 이동철이지만, 남쪽으로 향하는 순록 떼의 움직임은 느리다. 봄에 새끼를 낳기 위해 북쪽으로 움직이는 것보다는 덜 급박하기 때문이다. 대부분 하루에 최대 65킬로미터를 이동하며, 수목한계선의 가장자리까지 총 800킬로미터를 가서 겨울을 난다. 순록은 이곳에 은신처를 마련하여 최악의 바람을 피하고, 눈과 버들가지 밑에서 얼마 안 되는 지의류를 따먹는다.

황량한 싸움터

남극대륙 북부의 가장자리를 따라 점점이 흩어진 섬들은 겨울에도 해빙에 갇히는 법이 없다. 그러나 지구에서 가장 거친 남빙양의 한가운데 있는 이 외로운 섬들은 최악의 가을 폭풍에 시달린다. 눈은 곧 덤불풀을 뒤덮고, 기온은 급격히 떨어지며, 거대한 파도가 해안으로 돌진한다. 한여름 그토록 분주했던 물개들의 해변은 완전히 다른 모습을 하고 있다. 암컷과 새끼들만이 그곳에 남는다.

극전선 남쪽에서 발견되는 유일한 물개인 남극물개 새끼가 젖을 떼기까지는 약 4개월이 걸린다. 따라서 그 시기는 어미가 자신의 먹이를 찾아 새끼를 떠나기 전인 여름의 끝자락 3월 초가 될 것이다. 수컷은 암컷 쟁탈전이 끝난 12월 말에 일찌감치 떠났다. 이제 남은 것은 그 싸움에서 진 물개들의 사체다. 해변은 황량한 싸움터처럼 패자들의 사체로 가득하다.

사우스조지아에서 겨울을 나는 어린 새들. 나그네알바트로스 새끼들은 가을과 겨울의 폭풍을 견뎌낸다. 사실 물범과 바다사자가 떠나면 사우스조지아는 새들 차지가 된다.

큰풀머갈매기의 도착. 조류와 기타 먹이를 잡기도 하지만 큰풀머갈매기는 사체(이 사진에서는 코끼리물범)와 내장을 먹어치우는 남빙양의 청소부이자 쓰레기 처리자다. 죽은 물범과 펭귄이 수두룩한 가을은 이들에게 노다지의 계절이다. 큰풀머갈매기는 후각이 뛰어나며 가죽에 구멍을 낼 수 있는 구부러진 부리를 가지고 있다.

남극대륙의 맹금류인 큰풀머갈매기—날개 길이 2미터에, 강력하고 구부러진 부리를 가진 크고 인상적인 새—에게 물개들의 사체는 더없이 풍요로운 가을 선물이다. 아프리카독수리처럼 큰풀머갈매기는 노획품을 앞에 두고 시끄럽게 다툰다. 그들은 부리로 물개 가죽을 뚫은 뒤, 몸을 밀어넣었다가 사체로부터 피 묻은 머리와 목을 빼면서 모습을 드러낸다. 사체가 적당히 열리면 전혀 어울리지 않는 외모의 청소동물이 합류한다. 사우스조지아의 고방오리는 밝은 노란색 부리를 가진 우아하고 작은 오리로, 마을 호수에서나 볼 수 있을 것 같은 모습을 하고 있다. 그러나 고방오리는 고기를 좋아하며, 서로 다투고 있는 큰풀머갈매기의 부리 밑에서 운 좋게 고기 조각을 훔친다.

봄날 서로 싸우는 수컷들의 포효로 아주 시끄러웠던 코끼리물범 해변은 이제 더없이 조용하다. 어미 코끼리물범은 겨우 27일 만에 새끼에게 젖을 떼게 하기 때문에 모든 어른 코끼리물범들은 여름 중순인 10월 말 즈음이면 다시 바다로 나가고 없다. 이제 가을이 되면 털갈이를 하러 돌아올 것이다.

해변 뒤에서 물범은 진흙 속 깊숙이 뒹굴며 휘젓는다. 육중한 코끼리물범 수컷은 눈과 코만 내밀고 완전히 몸을 묻는다. 추운 가을날에도 구덩이에서는 내내 물범들의 열로 증기가 뿜어져 나오고 트림 소리가 메아리친다. 물범의 피부는 점차 길쭉한 조각으로 떨어져 나오고, 5월 말이 되면 물범들은 다시 바다로 돌아간다.

임금의 섬

해변을 코끼리물범과 나눠 써야 했던 임금펭귄에게 물범이 가버리는 건 확실히 반가운 일이다. 이제는 바다로 갈 때 코끼리물범의 기름 벽을 통과하지 않아도 되니 말이다. 이 아남극 섬 주변의 바다는 절대 어는 법이 없기 때문에 임금펭귄은 겨우내 머물 수 있다. 사실 이들은 일 년 내내 이곳에 거주한다.

새끼 임금펭귄을 기르는 데에는 10~13개월이 걸리며, 따라서 임금펭귄 한 쌍은 새끼를 3년에 두 마리씩만 키운다. 군서지에는 늘 다른 번식주기 단계에 있는 펭귄들이 존재한다. 가을에는 솜털로 덮인 발육이 좋은 새끼들이 있는데, 이들은 지난 봄 알을 낳은 첫 번째 무리의 새끼들이다. 몸무게 10~12킬로그램, 크기는 거의 부모만 한 이들은 대부분 남아서 겨울을 보내고 다음 해 1월에 바다로 떠날 것이다. 그러나 이때쯤 군서지 안에는 훨씬 더 작은 새끼 펭귄들도 함께한다. 이들은 첫 번째 낳은 새끼들이 한여름에 성공적으로 깃털이 사라는 것을 보고 늦여름에 다시 알을 낳은 부모의 새끼들이다. 가을이 왔을 때 새로 부화된 이 새끼 펭귄들은 크기가 아주 작으며 많은 수가 겨울 폭풍에 살아남지 못한다.

새끼 기르기

남쪽에 가을이 자리 잡으면 펭귄 군서지의 모습은 완전히 달라진다. 땅은 분주했던 여름철에 흘린 크릴과 펭귄들의 분비물로 더러워져 분홍색을 띤다. 교대로 가는 게 아니라 부모가 모두 다 바다로 물고기를 잡으러 가기 때문에 펭귄 군서지는 훨씬 조용해 보인다. 성장속도가 빠른 새끼들은 자기들끼리 남겨지자 모여서 집단(탁아소)을 이루는데, 솜털로 덮인 10~20마리의 새끼들이 서로 온기를 유지하고 포식자로부터 스스로를 보호하기 위해 함께 붙어 있다. 돌아오는 부모들이 할 일은 자신의 새끼에게만 먹이를 주는 것이다. 이를 위해 그들은 새끼들을 시험한다.

　탁아소로 돌아오면서 어른 펭귄이 소리를 낸다. 배고픈 새끼 펭귄이 그 소리를 알아듣고 달려오지만 부모는 자꾸만 달아난다. 군서지를 가로지르며 정신없는 추적이 이어진다. 새끼 펭귄은 구르고 넘어지면서 부모를 쫓아간다. 결국 혼잡스러운 탁아소로부터 한

참 떨어진 곳에 이르러서야 부모는 새끼에게 먹이를 준다. 이런 먹이 추적은 먹여야 할 새끼가 두 마리일 때 더 자주 벌어진다. 이것은 아마도 먹이 공급이 제한된 상황에서 더 강한—경주에서 이기는—새끼에게 먹이를 주는 방법일지도 모른다. 또한 호시탐탐 노리고 있는 포식동물과 청소동물 들의 눈을 피해 새끼에게 먹이를 먹이는 유익한 방법일 수도 있다.

번식을 마치려는 경쟁은 바다가 제일 먼저 얼어붙는 남쪽에서 특히 심하다. 아델리펭귄은 가장 남쪽, 남극대륙 본토 주변에서 새끼를 낳는데, 새끼가 부화해서 깃털이 다 나기까지는 대개 50~60일이 걸린다. 이와 비교해서 젠투펭귄은 둥지를 얼마나 북쪽에 만드냐에 따라 70~90일이 걸린다.

2월 중순에 이르면 새끼 아델리펭귄은 바다에 나갈 준비를 마친다. 그러나 먼저 여름 내내 그들을 따뜻하게 해준 복슬복슬한 솜털을 갈아야만 한다. 털은 덩어리째 떨어져 나가는데, 솜털 다발이 아직 머리에 남아 있어 많은 새끼들이 마치 모히칸처럼 보인다. 2주에 걸쳐 어른 펭귄들은 새끼들에게 해변에서만 먹이를 줌으로써 이들이 물로 내려오도록 용기를 북돋운다. 불안한 새끼 펭귄들이 생애 첫 헤엄을 고려해보게 되고, 그 수는 점차 증가한다. 결국 몇 마리가 태엽장치 장난감처럼 수면에 물을 튀기며 뛰어들면 다른 펭귄들이 뒤를 따른다. 처음에는 너무 잘 떠오른다. 그러나 약간의 시간을 들여 조금만 더 연습하면 자신감을 갖고 환경에 적응할 수 있다.

새끼 펭귄 사냥하기

해변에서 일어나는 이 모든 활동은 어쨌든 눈에 띄게 마련이다. 남극대륙에서 가장 무서운 물범인 얼룩무늬물범에게 가을은 수확할 게 많은 계절이다. 이 커다란 포유류(길이 2.8~3.8미터)는 뱀같이 구부러진 목과 사악한 미소를 짓는 듯한 입을 가지고 있다. 목구멍에 있는 점 때문에 이런 이름이 붙여졌으며, 고양이과 동물의 이름이 붙은 것(얼룩무늬물범의 영문명칭은 leopard seal로 표범물범임—옮긴이)에 걸맞게 사냥도 홀로 한다.

깨진 얼음을 은신처로 삼고 머리의 대부분을 물속에 밀어넣은 얼룩무늬물범은 완전히 방심한 채 수면에서 버둥거리는 새끼 펭귄에게 조심스럽게 다가간다. 일단 한 마리를 잡으면 물범은 고양이가 쥐를 갖고 놀듯 섬뜩한 놀이를 계속한다. 물범은 새끼 펭귄을 놓아주었다가 뒤쫓기를 반복한다. 그리고 이제 먹을 때가 되었다 싶으면 새끼 펭귄을 수면에 내리쳐 가죽과 깃털을 제거한다. 얼룩무늬물범은 매우 효율적인 포식자지만 너무 많은 새끼 펭귄들이 동시에 성장하기 때문에 압도적인 수가 잡히지 않고 살아남는다. 크로지어 곳 군서지에 대한 어느 연구조사는 10만 마리의 다 자란 새끼들 중 얼룩무늬물범에

게 잡힌 것은 630마리뿐으로 추정했다.

털갈이

새끼 펭귄들의 깃털이 다 나면 어른 펭귄들은 마지막 겨울 준비를 해야 한다. 펭귄은 새 중에서 깃털이 가장 촘촘하다. 여름 내내 유용했던 깃털은 떨어뜨리고, 앞으로 다가올 힘든 시기를 위해 새로운 깃털을 길러야 한다. 털갈이에는 너무나 많은 에너지가 소요되기 때문에 먼저 몸무게를 늘려야 한다. 따라서 펭귄들은 약 3주간 바다에서 먹이를 섭취한다. 이들이 돌아오면 군서지는 완전히 다른 곳으로 변해 있다. 여름날의 소란스러움은 간데 없고 대신 섬뜩한 침묵만이 흐른다. 펭귄들은 적당한 간격을 두고 서서 최대 3주씩 꼼짝하지 않고 조용히 지낸다. 오래된 깃털이 천천히 떨어져 나가고 새로운 깃털이 자란다. 군서지에는 깃털의 눈폭풍이 분다. 펭귄에게는 너무나 힘든 과정이기 때문에 털갈이를 하는 동안 체중이 반이나 줄어들기도 한다. 바다가 벌써 얼고 있는 극남에 둥지를 튼 아델리펭귄들은 어쩔 수 없이 총빙 위에서 이 과정을 치러야만 한다.

떠나기

실질적으로 모든 펭귄들이 털갈이를 마치는 3월 말에 이르면 이들은 겨울을 나기 위해 얼음이 없는 탁 트인 북쪽 바다로 향한다. 서로 다른 펭귄들이 정확히 어디로 가는지에 대해서는 아직 알아내야 할 게 많지만 모든 펭귄들은 남빙양에 머문다. 얼음을 좋아하는 아델리펭귄은 겨우내 총빙 가장자리 근처에 머물지만 턱끈펭귄은 총빙 자체를 피해 더 멀리 북쪽에 머문다.

펭귄들이 떠나면 뒤이어 바다가 얼기 시작한다. 최남단에서 시작하여 북쪽으로 향하면서 얼음의 가장자리는 하루에 4킬로미터씩 확장된다. 2월에 300만 제곱킬로미터로 최소면적이었던 해빙은 1,900만 제곱킬로미터로 커지며, 남극대륙은 실질적으로 두 배나 커진다. 이 무자비한 힘은 거의 모든 생명체들을 북쪽으로 몰아낸다.

황제의 선택

거의 모든 남극의 생명체들이 북으로 탈출하는 4월 말에 펭귄 한 종류가 남으로 향한다.
황제펭귄들은 멋진 모습으로 얼음의 가장자리에 도착한다. 얼음가에 숨어 있는 배고픈
얼룩무늬물범을 피하기 위해 황제펭귄들은 빠른 속도로 물 밖으로 튕겨 나와 쿵 소리를
내며 얼음 위에 배로 떨어진다. 1미터 이상의 키와 40킬로그램에 달하는 무게를 가지고
있어 임금펭귄의 두 배에 달하는 황제펭귄은 펭귄 중 가장 덩치가 크다. 이들은 또한 앞
으로 다가올 고난에 대비하여 살을 찌워 돌아온다.

　황제펭귄은 얼음 가장자리로부터 먼 거리를 걸어 자기들이 전통적으로 머무는 얼음
위 둥지터에 도달한다. 약 22만 쌍 정도가 남위 66도와 78도 사이에 있는 40곳 이상의
장소에서 번식을 하는 것으로 추정된다. 이중 많은 군서지가 지극히 외진 곳에 있고, 매
년 새로운 군서지가 발견되고 있다. 황제펭귄들은 장소를 세심하게 선택하는데, 바다와
먹이로부터 너무 멀지 않으면서도 연중 내내 깨지지 않을 얼음(새끼 펭귄이 알에서 부화
해서 깃털이 다 나기까지는 최대 10~12개월이 걸릴 수 있다)인지 확인한다. 얼음 절벽이나
빙산으로 둘러싸여 있어서 앞으로 닥칠 최악의 겨울 날씨로부터 그들을 보호해줄 곳이면
더욱 좋다.

　황제펭귄들은 돌아오자마자 장기적인 파트너를 찾는데, 상대가 군서지로 돌아오는
한 서로에게 충실한다. 구애는 시끄럽지만 우아하게 이루어진다. 동시에 걸으면서 목으
로 우아하게 자세를 취하며 각자 상대의 움직임을 정확하게 흉내 낸다. 그들은 늘 상대에
게 소리친다. 서로를 이어주는 이 과정은 장차 겨울의 끝에서 재회할 때에도 서로를 찾아
내는 유일한 방법이 될 것이다.

　황제펭귄들은 남극 조류 중 유일하게 얼음 위를 '둥지'로 삼는다. 5월이 되면 암컷은
알을 하나 낳아서 얼기 전에 재빨리 짝에게 건네준다. 둘은 발 바로 위에 알주머니를 가
지고 있으며, 알은 혈관이 발달된 맨살 부위에 들어가 느슨한 덮개에 싸인다. 알주머니
안의 온도가 바깥보다 80℃는 더 따뜻할 수도 있다.

　암컷은 귀한 알을 건네주어 주머니에 넣게 한 뒤 몇 시간이 지나면 지구에서 가장 모
진 추위 속에 짝을 남겨두고 자신은 바다로 가서 최소한 65일 동안—알이 부화할 때까
지—돌아오지 않는다.

펄펄 흩날리는 눈의 결정

빛을 받아 각각의 개성 있는 구조를 드러내는 눈송이. 독특한 모양을 한 각각의 눈송이는 복잡하며 대칭적인 물의 결정으로, 지구 위 수천 미터에서 먼지 핵 주변에 얼음이 형성되면서부터 그 일생을 시작했다.

1. 가장 익숙한 디자인은 여러 개의 가지가 있는 별 모양의 눈으로, 대개 6개의 주요 가지를 가지고 있다.

2. 어떤 것들은 수십여 개의 곁가지를 가지고 있어서 모양이 양치류처럼 보인다.

3–6. 얇고 무늬가 있는 얼음판으로 장식된 곁가지를 가진 결정도 있다. 가장 기본적인 형태는 간단한 육각형의 얼음 기둥으로, 형태가 나무연필과 비슷하다. 기둥은 비어 있는 경우가 많다. 또는 얇은 얼음 바늘의 집합체로 자라기도 한다. 눈송이에는 이런 단순한 주제의 수많은 변형—판, 기둥, 가지가 난 것, 빈 것, 6면, 12면—이 있다. 형태에 상관없이 이들은 모두 대칭을 이룬다.

2

3

5

6

5장 | 겨울

마감하는 생명

한낮의 어슴푸레한 빛 속에서는 죽은 새끼 곰의 윤곽이 보일 수도 있다. 지금은 마치 어미의 자궁 안에 있는 것처럼 웅크리고 있지만 이 어린 곰이 죽은 것은 한 살 때였다. 사체 주변의 발자국은 슬픈 이야기를 들려준다. 어미는 가다가 자꾸 멈춰 서서 따라잡으려 안간힘을 쓰는 저체중의 허약한 새끼를 기다렸다. 새끼 곰의 형제는 앞뒤로 뛰어다니며 새끼 곰에게 마지막 놀이를 함께하자고 용기를 북돋웠다. 뒤섞인 크고 작은 발자국들은, 어미 곰이 살아남은 새끼 곰에게 죽은 형제를 포기하고 치열한 먹이 찾기를 계속하도록 격려했음을 말해준다.

북극지방에서는 새끼 북극곰의 절반 이상이 첫 번째 가을을 넘기지 못한다. 그러나 보다 약한 새끼 곰의 죽음은 앞으로 다가올 암흑의 겨울 몇 달간 생존자를 이롭게 할 것이다. 변변찮은 먹이라도 찾으면 입을 하나 덜 수 있기 때문이다.

가장 긴 밤

동지인 12월 21일에 북극점에 서면 진정한 극야를 경험할 수 있다. 이날, 지구가 태양을 도는 동안 극은 태양으로부터 최대 기울기로 멀어진다. 따라서 별들은 뜨지도 않고 지지도 않는다. 밤하늘을 촬영한 장노출 사진을 보면 별들은 일련의 동심원 고리로 보이며, 각 고리의 반지름은 북극성에 이를수록 점점 짧아진다. 거의(하지만 완전히는 아니다) 북극점 위에 있는 북극성 자체에도 아주 작은 고리가 있는데, 이날 이 원 안의 암흑은 지구에서 볼 수 있는 가장 완전한 암흑이다. 이날 하루만은 북극권에 태양이 지평선 위로 떠오르지 않는다.

극점을 향해 갈수록 밤의 길이는 점점 길어지며, 극점 자체에서는 사실상 6개월 동안 밤이 지속된다. 묵극의 거수자늘은 겨울을 암흑기라고 부른다. 그러나 완전한 암흑의 계절은 아니다. 태양이 지평선 아래에 있을 때에도 그 존재감은 느껴지며, 사람들은 어슴프레한 빛이 있어 생활하는 데는 문제가 없다고 말한다. 별들도 뱃사람들의 항해가 가능할 만큼 밝다. 그러나 태양이 지평선 아래 19도 이상 내려가면 이 정도 빛도 비추지 않는다. 이때는 달이 그 자리를 대신한다. 보름달이 뜨는 시기에 즈음해서 달은 으스스하고 푸르스름한 빛을 얼음 위에 비춘다. 겨울이 시작될 때면 달은 양극점에서 보름달에 가까운 상태로 2주 동안 한 번도 지지 않는다. 그런 다음 2주 동안 지평선 아래로 사라진다.

환상의 빛

기나긴 극야 동안 오로라(로마신화 속 새벽의 여신의 이름을 딴 명칭)는 태양의 존재를 극
적으로 상기시켜 준다. 오로라는 휘돌고 맥동하는 녹색, 붉은색, 보라색 장막을 만들어내
는 자연현상으로, 하늘과 풍광까지 밝혀준다. 북쪽에서는 북극광(aurora borealis)이라 불
리며, 신화와 전설 속에 등장한다. 어떤 이누이트족들에게 오로라는, 하늘로 올라가는 죽
은 자들에게 길을 밝혀주는 큰까마귀들의 횃불이다. 순록을 치는 사미족은, 산을 넘을 때
마다 털에서 불꽃을 튀기며 하늘을 건너는 '불여우'라고 말한다. 시베리아의 추크치족에

게 오로라는, 끔찍하게 죽은 사람의 혼이 하늘에서 바다코끼리의 두개골을 발로 차고 던지는 모습이다. 남쪽에서는 남극광(aurora australis)이 초기 탐험가들의 마음을 빼앗았으며 지금도 남극 기지에서 겨울을 지낼 때 볼 수 있는 인상적인 장면 중 하나다.

이제 과학자들은 오로라가, 강력한 태양풍이 지구 대기로 들어와 자기장과 상호작용하며 거대한 전기폭풍을 일으키는 과정에서 전기를 띤 입자 때문에 생긴다는 것을 알고 있다. 오로라는 극지방 주위의 두 지대에서 일어나며, 태양풍이 지구를 대칭적으로 뒤덮으므로 양극에서 동시에 발생하지만 그때 시간이 밤인 극에서만 보인다.

얼음 곰

북극의 겨울 내내 북극곰은 계속해서 활발히 움직인다. 털은 노란색과 주황색을 띤 황혼 빛깔이 되었건, 달빛의 자줏빛을 반영한 푸른색이 되었건, 또는 오로라의 녹색이 되었건 간에 강렬한 밤하늘의 색깔을 띤다. 가시 스펙트럼에서는 털빛이 투명하지만, 그 아래 가죽은 고르게 검은색을 띠고 있어 25만 년 전쯤 큰곰(갈색곰)으로부터 진화했음을 알 수 있다. 북극곰은 코끝까지 덮는 두 층의 털(겨울에 더 길게 자란다)을 가지고 있다. 커다란 발바닥도 털로 덮여 있어 보호도 해주고 얼음 바닥을 단단히 붙잡고 있게도 해준다. 바깥층의 털은 모두 비어 있어서 그 안의 공기가 추가로 단열을 해주며, 두꺼운 기름층은 -35℃ 이하에서도 온기를 유지하게 한다. 또한 날씨가 그토록 극한적이고 예측 불가능한 곳에서 생존할 수 있는 것은 비축한 지방을 오래 쓸 수 있도록 대사 작용을 현저히 떨어뜨릴 수 있기 때문이다.

북극곰 암컷은 새끼가 태어나서 처음 두 겨울을 나는 동안, 함께 지내면서 얼어붙은 바다의 어디에서, 어떻게 사냥을 하면 되는지 가르쳐준다. 날씨가 따뜻할 때는 하루에 50킬로미터까지 걷기도 하고, 폭풍이 불기 시작하면 등성이 되나 눈굴을 피난처로 삼는다. 그러나 임신한 암컷이라면 육지로 향할 것이다. 암컷은 해안에서 가까운 산비탈에서 바람에 날려 쌓인 눈더미를 긁어서 나지막한 잠자리를 만들고 그곳에 드러눕는다. 눈으로 뒤덮일 때까지 그 안에 누워 있다가 눈이 다 덮이면 얼음 둥지를 파기 시작한다. 이곳은 앞으로 5개월간 암컷의 은신처이자 출산굴이 될 것이다.

이제 대사 작용이 느려지면서 암컷은 동면에 들어가는데, 이는 비축한 지방을 봄까지 늘려 쓸 수 있는 방법 중 하나다. 짝짓기는 지난봄에 했지만 암컷의 몸은 이제서야 배 속에서 새끼를 키운다. 암컷은 굴에 들어간 뒤 동지 즈음에 새끼를 낳는다. 새끼들은 아주 작으며, 사실상 조산이다. 그러나 이것은 어쩔 수 없는 전략이다. 동면 상태이므로 더 큰 새끼는 낳을 수 없다.

소리도 못 듣고 눈도 안 보이는 갓 태어난 새끼들의 끌끌거리는 소리는 어미에게서 젖이 나오게 유도하며, 일단 젖을 빨기 시작하면 새끼들은 거의 기계적인 리듬을 타며 젖 빠는 소리를 낸다. 북극곰의 젖은 지방과 단백질이 매우 풍부하여(인간의 젖의 9배 이상) 새끼들은 2주마다 두 배로 커진다. 새끼들은 3개월 이상 자라야 자궁 속 같은 눈 밖으로 나갈 수 있다.

출산굴

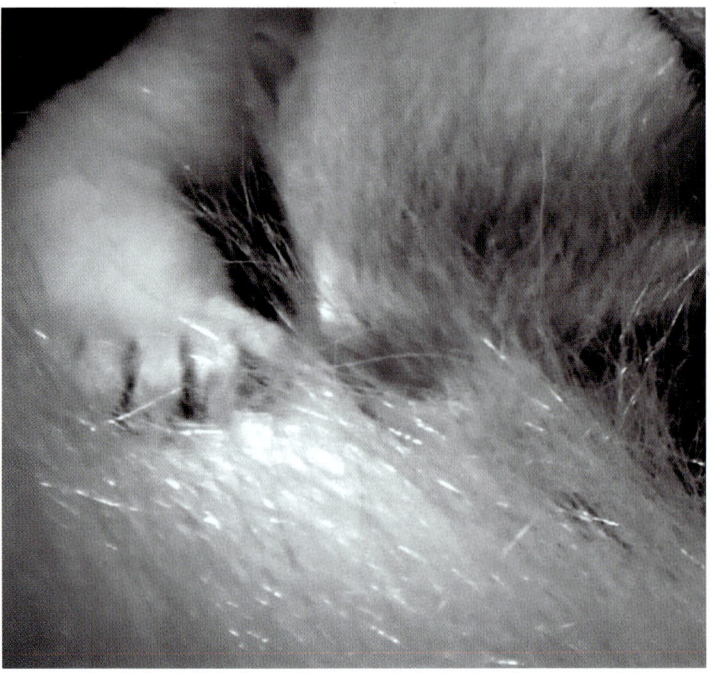

윗줄

10월 말 스발바르에서 출산굴을 준비하는 북극곰.

1. 임신한 북극곰이 자신이 택한 비탈로 올라간다. 그곳은 탁월풍(어떤 시기에 어떤 지역에서 가장 빈번하게 부는 특정 방향의 바람—옮긴이)으로부터 몸을 보호할 수 있는 곳이다.

2. 눈을 긁어내고 그 안에 눕는다.

3. 그런 다음 몸을 웅크리고 3미터 두께로 눈이 쌓여 몸을 완전히 덮을 때까지 기다린다. 일단 눈에 덮이면 암컷은 수 미터 길이의 굴을 파서 타원형 방을 만들고 그곳에서 새끼를 낳는다.

아랫줄

4. 태어난 지 이틀 된 새끼가 젖을 빤다. 새끼 곰이 먹는 젖은 육상 포유류의 젖보다 물범의 젖에 더 가깝다.

5. 새끼들은 태어나 3개월을 어미와 함께 굴 속(이것은 [동물원의] 갇힌 상황에서 촬영한 것임—야생에서 갓 태어난 새끼들을 촬영하는 것은 곰 가족에게 너무 위험한 일일 것이다)에서 보낸다. 어미는 사실상 동면상태이며 굴에서 지내는 동안 먹고 마시거나 대소변을 보지 않는다.

6. 하루가 지난 뒤 두 번째 새끼가 모습을 드러낸다. 일반적으로 북극곰은 두 마리의 새끼를 낳는다.

2
3
5
6

얼음 속의 오아시스

겨울이 깊어지면 북빙양은 약 1,500만 제곱킬로미터의 얼음으로 뒤덮인다. 바다에서 먹이를 잡는 북극의 물범, 고래, 새 들은 얼음이 없는 탁 트인 바다를 찾아 남쪽으로 향할 수밖에 없다. 최소한 이론상으로는 그러하다. 그런데 최근 전 세계에 존재하는 50만 마리의 안경솜털오리들 모두가 알래스카 해안 앞바다 총빙 사이의 얼지 않은 구역인 빙호(氷湖)에서 겨울을 나는 것이 실제로 발견되었다. 이 얼음 속의 오아시스는 폴리니아(polynya)—산림개간지라는 뜻의 러시아 단어—라고 알려져 있으며, 아메리카 원주민 사냥꾼들이 처음 발견했다. 이런 곳은 강풍과 조류(潮流) 때문에 얼음이 없으며, 해를 반복하여 같은 곳에 다시 등장하여 해양 포유류와 바닷새들을 끌어들인다. 모여든 동물들은 이곳에서 새끼를 낳고 먹이를 먹인다. 안경솜털오리들이 집단으로 구애 과시 행위를 하는 곳으로 폴리니아를 이용하는 것이 발견되었다. 또한 바다코끼리들이 오리들이 모이는 것을 이용하는 모습도 관찰되었다. 그들은 밑에서부터 오리를 사냥하고 엄니로 찔러댄다.

겨울에는 캐나다 허드슨 만에 사는 10만 마리의 참솟깃오리(솜털오리류)들이 허드슨 만의 벨처 제도 가장자리의 작은 폴리니아를 이용하는데, 이들은 해저의 성게와 홍합을 잡으러 10미터 깊이까지 잠수한다. 이런 폴리니아는 새들의 무리 전체를 수용하기에는 너무 작아서 어른 새들은 대부분의 시간을 앞바다에서 보내다가 황혼과 새벽녘에 잠깐 폴리니아로 돌아와 겨우내 이곳에 머무는 새끼 새들과 함께한다. 가끔 폴리니아가 얼기도 하는데, 어린 새들은 바로 뒤쪽까지 어는 얼음 때문에 움직일 수 없게 된다. 곧 폴리니아는 너무나 좁아져서 해류나 오리도 그곳을 유지시키지는 못한다. 결국 허드슨 만의 어린 솜털오리들의 한 세대 전체가 모두 얼음 아래로 사라진다.

비싼 대가를 치러야 하는 이동을 피해 다른 바닷새들의 군집이 폴리니아 근처에 자리를 잡기도 한다. 또한 초기 인류가 이곳 근처에 정착했음을 보여주는 고고학적 증거도 있다. 폴리니아는 얼음 밑에서 먹이를 잡아먹는 일각고래와 흰돌고래를 포함하여 많은 해양 포유류들이 겨울을 나며 생존하는 데에도 매우 중요하다.

이렇게 거대한 얼음 속의 구멍은 물리적으로도 매우 중요한 기능을 한다. 얼지 않은 수면으로부터 급속도로 열이 빠져나가 그 아래에 많은 양의 얼음이 생성된다. 이로 인해 바다는 차가워지고 남아 있는 물에는 염분이 더해진다. 이는 모두 북빙양계가 제대로 기능하는 데 매우 중요한 과정이다.

얼어붙은 땅

겨울 한파가 지구에 있는 땅의 5분의 1 이상을 뒤덮는다. 혹한은 땅속으로 깊이 파고들어 그 속에 든 물이란 물을 모두 얼려버린다. 일 년 내내 평균 -6℃보다 더 추운 곳에는 그렇게 생겨나는 영구동토가 늘 존재하며, 멀리 남쪽으로 중국과 러시아의 아시아 지역까지 뻗어 있다. 지구 땅의 거의 4분의 1은 영구동토가 받치고 있다. 시베리아의 일부 지역에서는 영구동토의 깊이가 거의 1,500미터에 달하는데, 이는 빙하기가 남긴 유산이다. 고북극지방에서는 서리가 바위를 부서뜨려 자갈 비탈이 만들어진다. 더 큰 돌로 둘러싸인 지역은 다각형 무늬를 띠고 있으며 마치 사람이 만들어놓은 것처럼 보이지만 사실은 얼었다 녹기를 반복하는 과정에서 서리 융기에 의해 땅의 돌들이 밀려올라간 결과다.

얼어붙은 숲

북쪽 숲의 겨울은 혹독하다. 온도는 -50℃까지 떨어지기도 하고, 7개월 동안 모든 물은 눈과 얼음에 갇혀 이 지역을 사막처럼 건조한 곳으로 만든다. 가장 북쪽의 숲은 시베리아에 있다. 숲을 채운 것은 대부분 잎갈나무로, 아마도 세계에서 추위에 가장 강한 나무일 것이다. 모든 구과식물(침엽수)과 마찬가지로 나무의 바늘잎은 표면적이 작고 왁스질에 덮여 있어서 물 손실을 줄여준다. 온도가 떨어지면 내부에 얼음 결정이 생겨 세포가 파괴되지 않도록 물을 내보낸다. 겨울이 들어서면 나무는 간단히 바늘잎을 떨어뜨린다.

　　공기 중의 수증기로부터 서리가 생성되며, 숲 전체가 하룻밤 사이에 서리로 덮일 수도 있다. 서리의 결정체들은 복잡하다. 레이스 모양의 정교한 눈송이처럼 결정이 큰 것은 흰서리라고 부른다. 숲 바닥이나 웅덩이 가장자리의 물에 잠긴 나무에서는 섬세하고 부드러운 깃털 뭉치 모양의 '서리꽃'이 발견되기도 한다. 때로는 과냉각된 안개 물방울이 접촉하여 생성되는 상고대(나무서리)가 나무를 덮어, 바람이 쓸고 간 듯 이색적인 형태를 만들어낸다. 공기가 좀 더 따뜻하고 수분이 더 많은 멀리 남쪽에서는 한파가 폭설의 형태로 찾아온다. 눈 덮인 크리스마스 나무들이 늘어선 타이가(침엽수림지대)는 동화나라가 된다. 좀 더 작은 침엽수는 눈에 휩싸여 하얀 옷을 입은 채로 웅크리고 있는 듯 보인다. 그러나 눈은 원뿔 형태의 큰 나뭇가지에서 미끄러져 떨어질 때가 많으며, 설사 눈이 쌓여도 나무는 놀랄 만한 무게를 감당하다가 휘어지고 부러진다. 겨울 폭풍이 발트 해로부터 수분을 공급받는 북쪽의 핀란드에서는 12미터 높이의 나무 한 그루가 3,000킬로그램의 눈덩이를 버텨내기도 한다.

위
겨울 중순, 그린란드의 뇌조. 이 새는 눈 밑의 식물로 연명하면서 암흑기의 몇 달을 버텨낸다. 발의 깃털이 설피 역할을 하여 부드러운 눈 위를 걸어 다닐 수 있다.

맞은편
핀란드의 얼어붙은 숲. 이 고요한 세계에서는 발자국만이 추위에 강한 소수 동물들의 존재를 알려준다. 잎이 달린 나무들은 눈 사이로 스며들어오는 빛으로 광합성을 하는데, 몇 달씩 눈에 덮여 있을 수 있으므로 이런 적응은 매우 중요하다.

뒷장
초겨울 러시아 서부 시베리아의 타이가. 몇 달 동안 태양은 거의 떠오르지 않으며 모든 물이 눈과 얼음 속에 갇히면서 숲은 사막처럼 건조해진다.

숲의 거구들

겨울이 깊어지면 쌓인 눈이 식물을 뒤덮는다. 숲은 섬뜩할 정도로 조용하다. 동물은 드물지만, 몸집이 큰 일부 종들은 겨울 숲에서 툰드라의 바람을 피한다. 덩치가 크면 극한의 추위를 덜 느낄 수 있다. 큰 동물일수록 몸에 비해 표면적은 작을 것이고 따라서 잃어버리는 열도 적을 것이기 때문이다. 이는 열대 섬에 사는 수마트라호랑이보다 시베리아호랑이가 더 큰 이유를 설명해준다. 실제로 시베리아호랑이는 생존하는 고양이과 동물 중 가장 덩치가 크다. 또한 아메리카와 유럽의 북쪽 숲에 사는 말코손바닥사슴(유럽에서는 엘크라고 부른다)이 세계에서 가장 큰 사슴인 이유도 설명해준다.

울버린도 예외가 아니다. 작은 곰만 한 울버린은 단연코 가장 큰 족제비다. 다른 것들보다 더 많이 나가는 몸무게 덕분에 울버린은 먹이를 찾아 어마어마한 거리를 어슬렁거릴 수 있다. 암컷은 300제곱킬로미터 이상을 돌아다니기도 하며 수컷은 그보다 거의 두 배 거리를 돌아다닌다. 울버린은 이곳의 삶에 아주 적합한 동물이다. 털은 길고 촘촘하며 습기가 없어 서리에 매우 강하다. 이 때문에 전통적인 북극지방 사냥꾼들은 파카의 안을 댈 때 울버린의 털을 선호했다. 울버린은 청소동물이기도 하여—먹이가 부족한 이곳에서 매우 합리적인 전략이다—동사한 동물을 찾거나 심지어 늑대나 곰이 잡은 것을 빼앗기도 한다. 또한 큰까마귀를 이용하는 법도 안다. 후각이 뛰어난 데다 하늘에서 숲을 내려다볼 수 있는 큰까마귀는 종종 죽은 동물을 가장 먼저 발견한다. 이것은 둘 모두에게 이득이 된다. 큰까마귀의 부리로는 얼어붙은 사체를 뚫을 수 없지만 울버린은 다르다. 특별히 강력한 턱과 갈고리같이 생긴 어금니, 날카로운 발톱을 가진 울버린은, 사람이라면 전기톱으로 힘들게 잘랐을 정도로 꽁꽁 얼어붙은 사체를 갈기갈기 찢어버릴 수 있다. 그러면 큰까마귀가 조각을 차지하기 위해 끼어든다.

울버린은 또한 놀랄 만큼 다양한 포유류를 잡을 수 있는 사냥꾼이다. 여름에는 순록이 울버린으로부터 쉽게 달아날 수 있지만 겨울에는 울버린의 커다랗고 설피 같은 발이 유리하다. 알래스카의 데날리 국립공원에서 눈이 두껍게 쌓인 겨울에 울버린이 자기보다 다섯 배는 큰 순록을 쓰러뜨리고 순록의 등에 뛰어올라 잽싸게 목을 물어 죽이는 모습이 관찰되었다.

울버린은 한 자리에서 많은 양의 고기를 먹어치워 대식가(glutton)라는 별명까지 있다. 그러나 언제 다음번 먹이를 먹을 수 있을지 모르는 얼어붙은 숲에서 식탐은 당연한 것이다. 조금이라도 남은 먹이는 은닉처에 숨겨놓고 먹이가 부족할 때 활용한다. 실제로 울버린 암컷은 냉동 보관된 고기를 먹기 위해 6개월 뒤 새끼들을 데리고 은닉장소로 되돌아오는 것으로 알려져 있다.

위

2월, 핀란드에서 썩은 고기를 찾고 있는 큰까마귀들. 이들은 그 어떤 환경에도 적응하여 먹이를 취할 수 있지만 겨울이 되면 늑대, 심지어 북극곰이 사냥한 동물에 의지해 산다. 하늘의 청소동물로서 큰까마귀는 사냥한 동물에게 종종 가장 먼저 가 있기 때문에 울버린처럼 지상의 청소동물에게 유익한 안내자 역할을 한다.

맞은편

장차 썩어버릴 고기를 주의 깊게 바라보는 울버린. 울버린은 언 고기와 뼈를 으깰 수 있는 강력한 턱을 가지고 있다.

뒷장

−40℃ 겨울 중순의 25마리의 늑대 무리. 캐나다 우드버펄로 국립공원의 늑대들은 세계에서 가장 크고 힘이 센 늑대들이다. 이들은 들소를 무너뜨릴 만큼 체력과 힘이 강하며, 들소들이 약해지고 눈 때문에 추격이 쉬운 겨울에 가장 성공적으로 들소를 사냥한다. 먹이가 크고 많기 때문에 기록적인 규모의 늑대 무리가 형성된다.

거구들의 싸움

우드버펄로 국립공원은 캐나다 북부 북극권의 가장자리에 자리하고 있다. 이름이 말해주듯 이곳은 우드버펄로, 즉 들소들의 서식지다. 평야에 사는 친척 들소보다 무겁고 키도 큰 이 거구들은 북아메리카에서 가장 큰 육상 포유류다. 가죽은 두껍고, 목 근육은 믿을 수 없을 정도로 튼튼하며, 머리는 뾰족한 뿔이 보호한다. 게다가 이들은 단거리를 전력 질주할 수도 있는데, 그 속도가 시속 60킬로미터에 근접한다. 그럴 수 있어야만 한다. 왜냐하면 이 공원은 세계에서 가장 크고 힘센 늑대들—몸무게가 60킬로그램에 달하기도 하는데, 이는 독일셰퍼드의 두 배 크기다—의 서식지이기도 하기 때문이다. 늑대는 겨울에 오로지 들소만을 먹는데, 이곳은 세계에서 이런 일이 벌어지는 마지막 장소다. 잡아먹는 동물과 잡아먹히는 동물 사이의 끝없는 싸움이 각각의 종들을 그들 사이에서 가장 인상적인 표본으로 만들어놓았다.

겨울눈은 들소의 삶을 매우 힘들게 한다. 무거운 몸과 작은 발굽 때문에 깊이 쌓인 눈 속을 돌아다니기가 어렵다. 그리고 가는 데마다 발자국을 남겨 많게는 25마리에 달하는 늑대 떼로부터 쉽게 추격을 받는다. 그러나 들소는 매우 위험한 동물이므로 늑대는 상황이 괜찮아 보일 때만 들소를 죽이려고 할 것이다.

들소 떼가 보이면 늑대는 기습적으로 바로 공격할지, 아니면 때를 기다릴지 신중하게 판단한다. 들소들이 자리를 잡으면 들소가 유리하다. 들소들이 새끼 주변에 무리를 지어 뚫기 힘든 뿔의 장벽을 세우고 병약한 어른 들소와 구분하기 어렵게 하기 때문이다. 그러나 만일 들소 무리를 공포로 몰아 넣는다면 늑대들은 새끼들과 약한 어른 들소를 골라낼 수 있을 것이다.

송송 늑대는 늘소늘이 경계태세에 있는 것을 발견하기도 하는데, 그럴 때는 들소 무리를 며칠씩 따라가야만 한다. 늑대는 들소를 사정없이 괴롭히겠지만 들소가 물러서지 않고 계속해서 단결된 뿔과 가죽과 체력을 과시하는 한 늑대 무리가 이길 확률은 없다. 그러나 조만간 어떤 녀석이 공포에 사로잡히게 되면 앞 다투어 도망치기 시작할 것이다.

들소 무리가 달리기 시작하면 사냥이 시작된다. 늑대와 들소 둘 다 빨리 달릴 수 있지만, 새로 내린 눈 위에서라면 들소가 먼저 지칠 것이다. 반면 늑대는 20분 정도만 빠른 속도를 유지할 수 있으므로 공격의 마지막 단계를 늦추어서는 안 된다. 늑대는 나무 때문에 무리를 지어 새끼를 보호하기 힘든 숲으로 들소를 몰거나 한 살배기 들소를 가려낼 수 있다.

어린 들소도 뿔을 가지고 있어서 자칫하면 중상을 입을 수 있으므로 우두머리 늑대는 이빨로 뒷부분에 매달려 뒤에서만 공격할 것이다. 들소는 늑대를 머리로 들이받아 길

기나긴 사냥

사냥. 한 쌍의 늑대, 우두머리 수컷과 암컷이 들소 떼를 추격하고 있다. 추격은 열두 시간씩 지속되기도 한다.

1. 늑대가 최고 속도(시속 56킬로미터)로 달려 간격을 좁히려고 한다. 늑대들은 놀랄 만큼 체력이 강하지만 빨리 달릴 수 있는 시간은 최대 20분뿐이다.

2. 들소들은 깊이 쌓인 눈에 길을 만들며 가느라 속도가 느려지고, 늑대들은 이미 만들어진 길을 달려 이들을 쉽게 따라잡는다.

3. 늑대 암컷이 들소 떼의 뒤에 있는 한 살배기 들소를 골라낸다.

4. 암컷은 가죽이 얇은 배를 공격한다.

5. 늑대 수컷이 뒤에서 공격한다. 아직 어리기는 하지만 들소는 늑대보다 몇 배나 더 무거우며 늑대를 죽일 수도 있다.

6. 늑대 수컷은 뒤로 물러서서 암컷이 들소를 쓰러뜨리는 시도를 하게 놓아둔다. 싸움은 몇 시간씩 이어지기도 하며 둘 다 상대의 피로 뒤범벅이 된다. 암컷이 들소의 아랫배를 계속 공격하자 들소는 반복해서 암컷을 길로 던지고 들이받으려 한다. 그러나 결국은 지쳐버린 들소가 쓰러지고 만다.

로 내던지려 할 것이고, 그러면 길 위에서 뿔로 들이받을 수 있을 것이다. 싸움은 최대 열두 시간씩 지속되기도 하며, 이렇게 되면 이 투쟁은 먹잇감은 물론 포식자에게도 생사가 걸린 문제가 된다.

능대들이 사냥에 성공하면 가장 우세한 수컷과 암컷이 먼저 먹는데, 이들은 자신의 총 중량의 4분의 1을 먹어치울 때까지 배를 채운다. 그런 다음 최대 다섯 시간까지 자면서 먹은 것을 소화시키는데, 모여드는 청소동물들로부터 먹잇감을 지키기 위해 그 옆에서 잔다. 남은 것 중 일부는 굴로 가져가고 나머지는 은닉처에 숨겨놓는다. 눈이 너무 깊이 쌓여 사냥이 불가능할 때 능대 무리는 이전에 먹이를 숨겨 놓았던 곳을 찾아간다.

눈 밑의 삶

눈 밑에는 숨겨진 세계가 있다. 수많은 작은 동물들이 가을에 만들어진 땅과 눈 사이의 층에 거주한다. 땅이 계속 열을 발산하여 눈을 일부 녹임으로써 눈과 땅 사이에 공동—눈 아래 공간—이 생성된 것이다. 눈의 바닥층 밑에서 수증기가 응축하고 얼면서 깔끔한 천장을 만들어내는데, 이것은 지붕이 떨어져 내리는 것을 막아준다. 어떤 식물은 투과해 내려오는 소량의 햇빛을 이용해 이곳에서 계속 자라며, 이 식물 주변의 눈이 녹으면서 공간과 굴의 망으로 이어지기도 한다.

이러한 공기구멍이 레밍, 들쥐, 생쥐, 땃쥐, 위즐 등 군집 전체를 살게 한다. 이렇게 작은 포유류는 상대적으로 큰 표면적 때문에 열을 많이 뺏길 위험이 크지만 눈 덮개가 최고의 단열재 역할을 한다. 최소한 0.5미터 깊이의 눈 아래 공간 온도는 0℃보다 한참 아래로는 절대 떨어지지 않아 위쪽 세상에서 일어나는 엄청난 변화로부터 거의 영향을 받지 않는다.

또한 소형 포유류 종들은 열을 보존하기 위해 공동의 집을 짓는다. 최대 10마리의 개체들이 공유하는 타이가 들쥐의 보금자리는 눈 위의 공기보다 25도는 더 따뜻하다. 이들이 모여서 만들어내는 하나의 '거대한 들쥐'는 홀로 지내는 개체보다 표면적이 상대적으로 작다. 들쥐들이 먹이를 찾아 밖으로 나갈 때 한 마리는 남아서 보금자리를 따뜻하게 한다. 수많은 눈 밑 포유류처럼 들쥐도 매우 효과적으로 열 손실을 줄여 겨우내 계속 번식한다. 그러나 눈 덮개는 들쥐를 따뜻하게 하는 데는 도움이 되지만 항상 안전을 보장하지는 않는다.

큰회색부엉이 같은 하늘의 포식자는 눈 밑에 있는 풍부한 먹이를 이용하는 법을 배웠으며, 들쥐는 그들이 좋아하는 먹이다. 큰회색부엉이는 커다란 안면판을 이용해 소리를 한곳으로 모으며, 위치가 비대칭인 귀를 통해 먹이의 위치를 정확하게 알아낸다. 실제

위
타이가들쥐는 북극에서 겨울을 나는 많은 포식자들의 먹이가 된다. 숨겨둔 얼어붙은 풀, 지의류, 쇠뜨기, 베리류 등을 먹으며 눈 밑 길에서 생존한다.

흰족제비. 길이가 23센티미터밖에 되지 않
는 세계에서 가장 작은 육식동물이다. 겨울
에는 털이 밤갈색에서 눈에서의 위장색인
순백색으로 바뀐다.

로 큰회색부엉이는 눈 밑 60센티미터 깊이의 굴에서 들쥐가 돌아다니는 소리를 들을 수 있으며, 발톱으로 딱딱한 표면을 때려 뚫는다.

훨씬 더 무시무시한 포식자—세계에서 가장 작은 포유류 포식자—가 눈 밑을 사냥한다. 약간 더 큰 친척인 어민족제비와 함께 흰족제비는 들쥐를 따라 그들의 세계로 들어간다. 흰족제비는 길고 날씬한 몸과 짧은 다리 덕분에 들쥐 굴을 쉽게 뛰어다닌다. 그러나 이런 체형은 온기 유지에는 전혀 도움이 되지 않아 표면으로 열을 너무 많이 잃으며, 체온을 유지하려면 매일 체중의 3분의 1만큼씩 먹어야 한다. 들쥐는 족제비의 냄새를 맡을 수 있으며, 냄새를 맡으면 굴속으로 깊숙이 들어가 최대한 움직이지 않는다. 들쥐 암컷은 족제비 냄새를 맡으면 번식을 억제하기까지 한다. 그러나 족제비도 서로 다른 종류의 들쥐 냄새를 탐지하여 방금 새끼를 낳아 덤으로 군침 도는 새끼들까지 품고 있는 최고의 먹이를 고를 수 있다. 섬뜩하면서도 뜻밖이지만, 족제비는 낡은 들쥐의 굴을 차지하고는 죽은 들쥐에서 뽑아낸 털로 안을 대어 그곳을 더욱 안락하게 만든다.

겨울 횡재

절정에 달한 북극지방의 겨울은 멀리 남쪽 극동 러시아의 산악지대이자 화산지대인 캄차카 반도까지 확장된다. 캄차카는 북극권의 가장자리에 있지만 북쪽으로부터 극풍이 불어오고 산들이 바다의 온난한 영향력을 차단하여 진정한 극지의 겨울을 맞는다.

가장 추운 달에는 눈에 띄는 생명체가 거의 없다. 그러나 캄차카 남부의 화구호인 쿠릴 호는 이 얼어붙은 세계의 오아시스다. 물밑 샘과 사나운 바람이 호수가 어는 것을 막아주어 홍연어가 3월까지, 때로는 4월 초까지 산란을 하기 때문에 세계에서 매우 큰 홍연어 산란지가 된다. 이런 겨울 횡재를 노리고 1,000마리에 달하는 독수리들이 모여들어 가장 혹독한 계절에도 최고의 상태를 유지한다.

쿠릴 호 주변에서 겨울을 나는 맹금류 중 가장 많은 수를 차지하는 것은 참수리다. 연어 떼가 많은 해에는 750마리까지 이곳을 방문한다. 날개폭이 2.5미터에 달하는 무거운 참수리는 북극지방의 겨울을 나는 데 필요한 비축물과 절연상태를 보유하고 있다. 여름에는 주로 바닷새를 먹고살지만, 겨울에는 붉은여우, 강수달, 어린 눈산양, 심지어 순록과 같은 포유류를 사냥한다. 곰과 같은 대형 동물의 사체를 찾아 헤맬 때도 있다. 그러나 가장 좋아하는 것은 어류로 그중에서도 연어를 선호한다. 많은 수의 참수리들은 연어가 풍부한 곳이면 어디든지 몰려든다.

참수리는 크고 구부러진 부리를 사용하여 자기 몸무게의 거의 절반에 이르는 연어를 죽여 물속에서 끌어낸다. 참수리는 해적처럼 흰꼬리수리와 검독수리의 것을 훔치기도 한다. 산란지가 물고기로 가득 찬 좋은 시절에는 독수리들끼리 거리를 유지하지만 물고기가 적을 때는 검독수리가 자기보다 큰 참수리에 도전하여 극적인 싸움을 벌인다. 연어는 이들 모두가 겨울을 나는 데 꼭 필요한 식량이다.

단열이 매우 잘되는 큰회색부엉이. 횟대에서 먹잇감을 주시하다가 사냥을 한다. 눈 밑에서 움직이는 들쥐(좋아하는 먹이)의 소리를 포착할 수 있으며, 밤낮으로 사냥할 수 있게 적응된 예리한 양안시를 가지고 있다. 그러나 겨울에는 주로 이른 아침과 늦은 오후에 사냥한다.

날아오르도록 설계된 커다란 날개 때문에 얼음 위를 걷기가 불편한 참수리. 러시아 캄차카의 쿠릴 호에서 산란하는 홍 연어를 수백 마리의 다른 독수리들과 함께 먹어치운다.

어른 참수리가 자신의 물고기를 삽아채려고 하는 어린 참수리와 싸우고 있다.

남극의 얼음 밑에서

겨울이 되면 남극의 얼음 아래 어둡고 조용한 바닷물은 위에서 거세게 몰아치는 사나운 폭풍을 피하는 안식처가 된다. 이곳에서 물은 소금물의 어는점인 -2℃를 일정하게 유지한다. 얼음 결정들이 떠서 지나가지만 바다는 절대 단단하게 얼지 않는다. 표면에 만들어지는 해빙이 단열재 역할을 하며 위쪽의 차가운 공기를 막아주고 그 아래 대량의 바닷물이 끊임없이 움직이기 때문이다. 온도나 야생 생물, 그 어느 것도 이곳 아래에서는 수백만 년 동안 변하지 않았다.

얼음 표면 위로 불쑥 튀어나오는 젖은 코는 대개 잠수하기 전에 숨을 쉬려는 웨들물범의 코다. 웨들물범은 70분 이상 계속 잠수를 하기도 하며 구멍에서 12킬로미터 아래까지 들어가기도 한다. 물범 중에서도 잠수 실력이 가장 뛰어난 웨들물범은 대부분의 시간을 물속에서 지내며, 이런 이유 때문에 포유류로서는 유일하게 남극에서 겨울을 난다. 웨들물범은 오징어, 문어, 물고기를 찾아 수시로 400미터 아래로 잠수하며 남극대구를 찾아 700미터 밑으로도 내려간다. 웨들물범은 위로 올라올 때 사람들이 걸리는 '잠수병(감압증)' 같은 것은 걸리지 않는다. 흉곽이 유연하고 약 40~80미터에서는 안으로 접혀 폐

에서 공기를 제거하기 때문에 위로 올라가는 동안 질소가 혈액 속에서 용해되지 않는다.

얼음은 두께가 몇 미터씩 되지만 생명체로 풍부한 구역과 물길로 가득하다. 얼음 안에 있는 조류와 박테리아가 겨울에 이곳에 머무는 크릴을 포함하여 풍부한 갑각류(게와 새우의 친척들)를 먹여살린다. 얼음 천장의 밑면은 얼음판의 층이 뒤덮고 있는데, 이 층을 얼음고기(ice fish)라 불리는 하얀 대머리암치(borch)가 돌아다닌다. 몸에 네 가지 서로 다른 종류의 결빙 방지 물질을 가지고 있는 이 물고기는 얼음 사이에서 조류를 먹는 것들을 잡는다. 웨들물범이 얼음에 거품을 불어넣어 대머리암치가 쏟아져 나오게 만든 장면이 카메라에 포착되기도 했다.

얼음판은 가끔 거대한 샹들리에처럼 천장에 매달린 구조를 이루기도 한다. 이곳은 대머리암치의 번식지가 되는데, 수백 마리의 대머리암치가 얼음판 표면에 붙은 박테리아를 먹는 모습을 볼 수 있다.

이곳의 해저에는 심해에서 온 게 아닐까 싶을 만큼 희한한 동물들이 있다. 사실 그러하다. 심해 생물들은 이곳처럼 차고 어둡고 안정된 환경 속에 살고 있으며, 이들이 남극대륙의 해저에 가장 먼저 서식했던 것으로 생각된다. 이곳에는 큰 생물이 많다. 등각류 글립토노투스 안타르크티쿠스(*Glyptonotus antarcticus*)는 쥐며느리의 확대형처럼 보이며 길이가 20센티미터까지 자라고 게를 대신한다. 가장 외계 생명체같이 생긴 생물은 거대바다거미다. 이것은 거미가 아니라 고대 생물의 일부다. 이 아래에서 동물들은 아주 천천히 자라며 오랫동안 산다. 반세기를 살았다고 알려진 삿갓조개가 있는가 하면 천년 이상 된 것으로 추측되는 해면도 있다. 이곳의 동물들이 이렇게 거대한 것은 그만큼 오래 살았기 때문인 듯하다. 생장이 느린 것은 먹이가 제한되어 있기 때문일지도 모른다. 웨들물범의 숨구멍 밑에서 사는 생물도 있는데, 이들은 물범의 분비물만 먹고 생존한다.

추위는 해저 생물에게 다른 식으로 영향을 미친다. 해저 생물은 이보다 따뜻한 바다에 사는 친척들보다 수는 적고 크기는 더 큰 알을 생산하며, 더 부지런히 돌본다. 이들은 겨울에 알을 낳아 봄에 부화시키기 때문에 새끼들은 태양이 돌아오면서 폭증하는 플랑크톤을 실컷 맛볼 수 있다.

수심 15~30미터 사이는 빠른 속도로 자라는 연산호와 밝은색 불가사리들이 장악하고 있다. 30미터 아래로 내려가면 해저 생물의 세계는 훨씬 더 풍요로워진다. 이곳에는 해면이 매우 풍부하며, 때로는 너무나 빽빽하게 들어차서 바닥이 잘 안 보일 정도다. 가장 큰 것은 화산처럼 생겼으며 키가 2미터, 폭이 1.5미터 이상 자란다. 어떤 해면은 실

리카 섬유로 된 골격인 골편으로 스스로를 지탱한다. 이런 골편은 광학섬유로 작용하여 해면 깊숙한 곳에 살고 있는 조류에 빛을 보내주기도 한다. 움직이지 못하는 이런 거대한 해면 아래에는 새우같이 생긴 단각류, 바다거미, 등각류, 연체동물 등의 군집이 숨어 있다. 붉은불가사리와 거미불가사리처럼 움직일 수 있는 청소동물이 해저에 수백만 마리씩 모여 있는데, 덕분에 그곳은 지구에서 대단히 풍요로운 해양 서식지 중 하나로 묘

남극대륙 맥머도 만 얼음 밑에서 증식하는 생명. 비벼대는 '저빙'의 작용으로부터 안전한 수심 60미터 이상인 이곳에 거대한 해면이 있다. 이런 해면은 높이가 최대 2미터에 달하기도 하고, 수명은 1,000년이나 된다.

사된다.

지구의 다른 곳에서처럼 좀 더 얕은 물에서가 아니라 수심 30미터 혹은 그보다 더 깊은 곳에서만 생명체들이 번성하는 이유는 뭘까? 생태학자들은 남극대륙 서부의 맥머도 만에서 이 수수께끼를 풀었다. 매년 봄 '저빙(anchor ice)' 층이 15~30미터 아래 해저 암석에 형성된다. 두께가 1미터에 달하기도 하는 이 얼음은 일정한 방향 없이 아무렇게

나 자란 큰 얼음 결정으로 이루어져 있다. 이것은 수세미처럼 해저에서 바위와 동물들을 뜯어낸 뒤 위로 표류하는데, 이때 그 희생물을 함께 가지고 올라가 정착빙(fast ice, 해안에 접해 형성된 해빙. 유빙과 달리 해류와 바람에 움직이지 않는다―옮긴이) 천장 밑에서 얼려버린다. 얼음의 이러한 작용 때문에 해면과 같은 정착성 유기체들은 제대로 자리를 잡지 못한다. 멍게처럼 비교적 운동성이 있는 동물도 얼음에 잡혀서 끌려 올라간다.

좀 더 얕은 바다에서는 얼음의 위협이 위에서부터 온다. 지독한 혹한으로 인해 바닷물은 얼기 시작한다. 그 과정에서 소금이 주변 바닷물로 방출되어 고농축 소금물(브라인[brine])이 만들어지고, 이 소금물은 새로 형성된 해빙으로 난 물길로 빠져나가 그 아래 바닷물로 들어간다. 소금물은 주변의 물보다 밀도가 훨씬 높아서 아래로 가라앉는다. 게다가 훨씬 차갑기까지 해서, 소금 물줄기가 떨어진 곳의 주변 바닷물이 얼어 속이 빈 얼음 종유석, 즉 소금 고드름(브리니클[brinicle])을 형성한다. 소금물은 끝에서부터 계속 쏟아지고 얼음 종유석은 계속 자라서 해저 쪽으로 몇 미터씩 뻗어 나간다. 이 '죽음의 손가락'은 분당 1미터의 속도로 움직이면서 가는 길에 있는 생명체를 모두 파괴한다. 생물들은 이 엄청나게 짠 소금물에 먼저 독살되고, 이어서 전진하는 얼음에 둘러싸인다.

죽음의 고드름

죽음의 얼음 손가락. 이 현상은 열두 시간에 걸쳐 일어났다. 영구적인 얼음 천장 아래에서 보호받는 물속에서도 생명은 얼음의 파괴력으로부터 완전히 안전하지 않다.

1. 고농도의 소금물이 얼음 종유석, 즉 소금 고드름(브리니클)의 말단으로부터 빠져나온다.
2. 가라앉는 소금물 주변에 바닷물이 얼어붙음에 따라 브리니클이 커지며 해저까지 뻗어 나간다.
3. 브리니클의 끝부분이 얼음 천장 아래 3미터 지점의 해저와 접촉한다. 그 길에 있는 불가사리가 달아나려 하지만, 빨리 움직이지 못해 엄청나게 짠 소금물로 인해 죽음을 맞는다.
4. 얼음이 앞으로 나아가면서 그 길에 있는 모든 동물을 가둬버린다.
5–6. 그 흔적이 해저를 따라 5미터나 뻗어 있다.

2
3
5
6

궁극적인 남극의 생존자

극지방은 지구에서 계절 변화가 가장 큰 곳이다. 절대로 해가 지지 않는 여름에는 대부분의 동물들이 먹이를 모으고 새끼를 기르느라 하루 종일 분주하다. 많은 면에서 여름은 정신없이 바쁜 하루와 같다. 겨울은 그 반대다. 어떤 동물들은 극지방을 떠나 극한의 추위에 대처한다. 실제로 대부분의 새들은 어쩔 수 없이 '여름 손님'이 된다. 남는 동물들은 특별한 방법을 택한다. 몇몇은 단열이 되는 눈지붕 밑에서 동면하거나 추위를 피한다. 다른 동물들은 일정하게 -2℃를 유지하는 바다에 살면서 보호를 받는다. 그러나 몇몇은 추위를 이기는 놀라운 단열과 팀워크로써 겨울과 정면으로 맞선다. 이런 동물들이 바로 궁극적인 극지의 생존자들이다. 남극지방에서는 단 하나의 동물만이 얼음 위에서 극한의 겨울을 견딜 수 있다. 바로 황제펭귄이다.

극남에서는 가을인 5월에 황제펭귄 암컷이 단 하나의 알을 짝에게 넘긴 뒤 먹이를 찾아 바다로 돌아간다. 수컷은 남아서 혼자 알을 부화시키는데, 완전한 암흑 속에서 사나운 겨울 폭풍에 시달리며 대부분의 시간을 보낸다.

7월 즈음이면 온도는 수시로 -60℃까지 떨어진다. 다행히 황제펭귄은 지구에서 가장 좋은 방한 장비를 착용하고 있다. 안쪽의 지방층 위에 깃털 네 겹의 바깥층이 합쳐져 훌륭한 단열재 역할을 한다. 밖으로 나온 발과 부리는 특별히 작아 열 손실을 최소화한다. 황제펭귄이 펭귄 중에서 가장 크다는 사실—임금펭귄보다 두 배는 더 무겁다—도 열 보존을 도와준다. 열을 빼앗기는 표면적이 비교적 작기 때문이다. 사실 황제펭귄의 몸은 여름에는 너무 뜨거워질 정도로 온기가 잘 유지된다. 그럼에도 불구하고 한겨울에는 자신의 몸만으로 온기를 유지할 수는 없으며, 서로 협력해야만 한다.

황제펭귄은 자신의 공격적이고 영역 보존적인 성향을 극복하고 온기를 유지하기 위해 함께 붙어서 지내는 유일한 어른 펭귄들이다. 대규모 군서지에서는 5,000마리에 달하는 펭귄들이 서로 붙어 있는데, 바람 쪽으로 등을 돌리고 있으며, 서로 돌아가면서 그룹에서 가장 춥고 가장 노출된 바람받이 자리로 간다. 이것은 열 손실을 50퍼센트나 줄여준다. 펭귄들은 특수 장비를 착용한 사람이라도 거의 참아내지 못할 온도에서 완전한 암흑의 날들을 보내기도 한다. 가끔 남극 하늘에서 춤을 추는 남극광이 그들을 비추기도 하지만 이런 빛의 쇼는 온기를 전혀 제공하지 않는다.

암컷의 귀환

7월 중순이면 펭귄 수컷은 거의 굶어 죽을 지경에 이른다. 알은 이제 '알주머니'에서 부화하고 새로운 새끼 펭귄은 깃털 덮개 속에서 추위를 피한다. 수컷은 약 열흘간 젖 같은 분비물로 새끼를 먹여살리면서 암컷이 돌아오기를 기다린다. 그 이상 길어지면 수컷은 새끼를 버리고 먹을 것을 찾아 바다로 나가야만 한다.

암컷은 수컷에게 돌아오기 위해 100킬로미터 혹은 그 이상의 해빙을 걸어야 할 수도 있다. 겨울이 되면 얼음 면적이 두 배 이상 커지기 때문에 암컷이 가을에 떠났던 군서지는 이제 훨씬 더 먼 곳에 위치하게 된다. 커다란 틈과 집채만 한 크기의 얼음덩어리를 헤쳐야 하기 때문에 암컷이 돌아오는 길은 위험할 수도 있다.

태양이 극남으로 돌아온 지 얼마 되지 않을 무렵 암컷이 도착하여 자신의 새끼를 내놓으라고 주장한다. 암컷의 배는 물고기로 가득 차 있지만 수컷은 4개월 전 군서지로 들어온 이후 아무것도 먹지 않아서 쓰러지기 일보직전이다. 황제펭귄 암컷들이 줄을 지어 자신의 짝에게 돌아오는 모습은 마음이 너무나 따뜻해지는 장면이다. 우리는 펭귄들이 어떻게 느끼는지 절대 알 수 없지만 그날이 그들에게 평범한 날이 아닌 것만은 분명하다.

처음에는 수컷이 새끼를 넘겨주려 하지 않기 때문에 암컷은 약간 강압적인 태도를 취한다. 교환은 빠르게 이루어진다. 새끼가 몇 분 이상 노출되면 얼어 죽을 수도 있다. 살아 있는 새끼를 돌려받지 못한 암컷은 강하게 남은 모성 본능 때문에 길 잃은 새끼나 고아가 된 새끼를 입양할 것이다. 그러나 자신의 새끼가 죽은 이유가 수컷이 죽었기 때문이라면 암컷은 수컷과 교대로 새끼를 부양할 수 없게 되고, 결국 어린 것을 버리고 바다로 돌아갈 것이다.

부모 펭귄 대부분은 그 다음 7주 동안 자라나는 어린 새끼에게 교대로 먹이를 갖다 주느라 매우 분주하게 움직인다. 이 시기가 지나면 새끼는 부모 한쪽이 가져다주는 먹이보다 더 많은 먹이를 필요로 한다. 따라서 부모 양쪽이 모두 바다로 나가 물고기를 잡는 동안 새끼들은 봄의 폭풍 속에 함께 모여 온기를 유지한다. 결국 새끼들이 깃털이 날 때가 가까워지면 부모는 얼음이 없는 바다로 완전히 떠나버린다. 일주일 정도가 흐른 뒤 배고픔을 견디지 못한 새끼들은 할 수 없이 얼음 가장자리를 찾아 부모의 뒤를 따라간다.

황제펭귄은 초봄에 부화한 새끼가 여름 동안 완전히 다 자랄 수 있도록 지구에서 최악의 겨울을 견뎌낸다. 이제 알에서 부화하고 겨우 다섯 달이 지난 새끼들은 남빙양에서 첫 번째 헤엄을 칠 준비를 갖추게 된다.

6장 | 살얼음 위에서

극지 사람들 – 변화의 이야기

1972년 그린란드 서해안에서 사냥을 하던 두 형제가 희한하게 쌓인 돌무더기를 보았다. 돌 몇 개를 뒤집어본 그들은 놀랍게도 그 속에서 완벽하게 보존된 8구의 시체—여자 6명, 소년 1명, 아기 1명—가 들어 있는 무덤 구덩이 두 개를 발견했다. 이 고대 미라의 실물 크기 이미지는 오늘날 그들이 발견된 곳에서 가까운 우마르나크의 작은 박물관에서 볼 수 있다.

가장 놀라운 것은 그들의 옷이다. 여자와 아이들은 주로 물범 가죽으로 아름답게 만든 모자가 달린 아노락(주로 털로 안을 대고 모자가 달린 방한, 방풍용 상의—옮긴이), 바지, 부츠 등 털로 무장한 겉옷 안에 수백 마리의 새 가죽을 바느질한 섬세하고 신축성 있는 속옷을, 깃털이 피부 쪽에 닿게 뒤집어 입고 있었다. 꼭 필요한 단열이 부족했던 이 개척자들은 극지방의 동물로부터 그것을 확보했다. 초기의 북극지방 사람들에게 바늘의 발명이 얼마나 중요했을지 짐작하게 해주는 장면이다. 오늘날에도 전통적인 북극지방 사람들은 500년도 훨씬 이전에 입었던 것과 비슷한, 이중의 동물 가죽 옷을 여전히 좋아한다. 실제로 이누이트 사냥꾼들이 가장 귀하게 여기는 옷은 북극곰 가죽으로 안을 댄 바지다. 진짜 극심한 한파가 밀려오는 겨울철이면 이들은 물범가죽 레깅스 위에 이 바지를 입을 것이다.

매머드를 잡아먹은 사람들

인간은 약 4만 년 전 북극지방으로 들어와 살았다. 이들은 빙하시대 중 비교적 온화한 시기에 처음으로 러시아 북극지방에 들어왔는데, 이때는 넓은 지역이 얼음으로부터 자유로웠다. 러시아 북부의 우사 강을 따라 발견되는 동물 뼈 더미는 초기 사람들이 매머드, 야생마, 순록, 늑대를 먹었고 이런 동물들을 조각내기 위해 돌 도구를 사용했음을 말해준다. 그것은 고된 삶이었다. 겨울은 가혹했고 여름이 와도 온도는 좀처럼 영상으로 올라가지 않았다. 살아남기 위해 그들은 큰 무리를 지어 공동생활을 했을 가능성이 크며, 그렇게 함으로써 여름철에 마련한 빈약한 노획품을 공유하면서 먹을 것이 없는 겨울을 대비했을 것이다.

오늘날 북극지방에는 대략 400만 명의 사람들이 살고 있다. 토착 인구는, 그린란드에 80퍼센트, 적게는 러시아 북극지방의 3~4퍼센트에 이르기까지 다양하게 분포되어 있다. 20세기에 일어난 엄청난 사회·인구·기술의 변화에도 불구하고 북극지방의 문화는 여전히 매우 중요하고 회복력이 뛰어나 많은 공동체가 지금도 선조들의 개척적인 생활양식에 경제적으로나 정신적으로 모두 밀접하게 연결되어 있다.

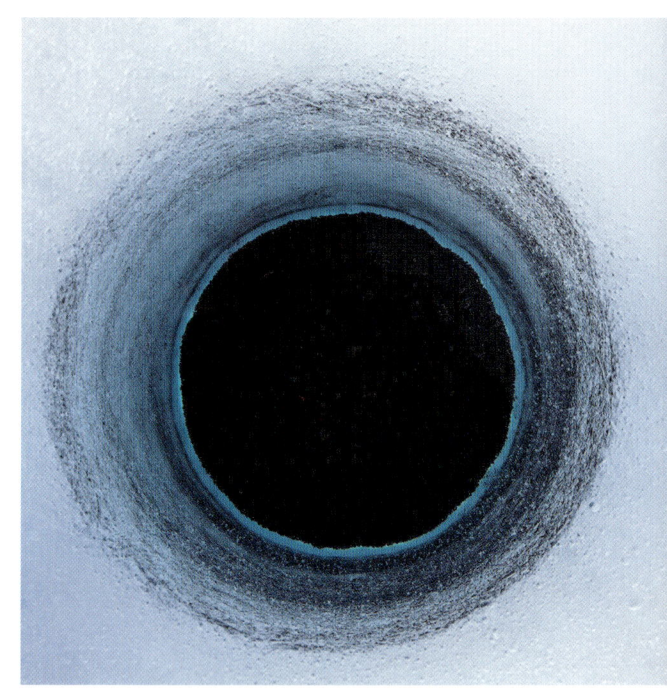

위

그린란드 페테르만 빙하 위의 해빙호 구멍. 바닥에는 전 세계에서 날아온 먼지와 산업 매연이 뒤섞인 실트—크라이오코나이트—가 있다. 꺼멓기 때문에 태양의 빛을 더 많이 흡수하며 태양에너지도 많이 흡수한다. 따라서 태양은 실질적으로 얼음에 구멍을 뚫고 들어간다.

맞은편

여름 그린란드 북서부 앞바다에서 해빙이 깨지면서 생성된 부빙.

앞장

그린란드 빙상. 여름에 표면은 크레바스와 해빙호로 갈라진다. 크레바스와 호수는 선명한 푸른색을 띠는데, 부분적으로 그 이유는 물에 불순물과 염분이 없기 때문이다.

순록의 사람들

시베리아 북단보다 인간에게 더 적대적인 곳을 상상하기란 힘들다. 겨울이 되면 수시로 온도가 -60℃로 떨어지지만 돌간족 사람들은 어떻게든 살아간다. 그들의 생존을 좌우하는 것은 단 하나, 바로 순록이다. 극한의 추위를 견뎌낼 수 있는 순록은 눈 밑에 사는 지의류를 먹으며 겨울을 견딘다.

야생 순록을 추격하고 사냥하면서 초기 사람들은 멀리 북쪽까지 이동했고, 결국 고북극지방을 개척할 수 있었다. 순록 떼를 몰고 다니기 시작한 것은 비교적 최근의 일이었다. 처음에 순록 무리를 따라간 것은 물건을 운반하기 위해서였다. 그 누구도 순록을 완전히 가축화시키지는 못했지만 오늘날에는 툰드라를 가로질러 수천 마리씩 몰고 갈 수 있을 만큼 길들였다.

일 년 중 9개월 동안 시베리아 야생의 자연에서 물을 확보할 수 있는 방법은 얼어붙은 강의 얼음을 녹이는 것뿐이다. 돌간족은 강에서 잡은 물고기를 천연 냉동고인 바깥 어디에라도 저장해놓을 수 있기 때문에 먹을거리는 별로 문제가 되지 않는다. 그들은 언 생선을 먹는데, 얇은 박편으로 잘라 입에서 녹인다. 툰드라를 어슬렁거리는 진정한 야생 순록을 사냥할 기회를 갖게 되지 않는 한 순록이 메뉴에 오르는 일은 거의 없다. 그들이 소유한 순록은 그야말로 너무나도 소중해서 생을 마칠 때가 왔을 때에만 죽인다.

돌간족의 옷은 이런 순록에게서 얻어지는데, 순록 가죽으로 만든 옷은 특히 따뜻하다. 그렇다 해도 어린아이들은 재킷에 장갑을 꿰매어놓아야 한다. 장갑이 없으면 즉각 동상을 입는다. 돌간족 사람들은 오두막 안도 순록 가죽으로 덧대며, 덕분에 바깥 온도가 -60℃일 때도 오두막 안은 훈훈한 20℃를 유지한다. 이곳에서는 따뜻하게 지내는 것이 사생활보나 너 중요하며, 빛 미터밖에 안 되는 네모난 오두막 하나가 대가속 전체의 안식처가 될 수 있다. 가장 공동체적인 생활이므로, 인척과 좋은 관계를 유지하는 것은 필수적이다.

가족들은 순록 떼를 위해 새 풀을 찾아 매주 이동한다. 그들은 먼저 올가미를 사용하여 가장 강한 동물들을 모으는데, 이것은 중앙아시아에서 북쪽으로 이동한 선조들로부터 내려온 고대의 기술이다. 그런 다음 동물의 힘을 이용하여 말 그대로 통째로 집을 옮긴다. 오두막이 썰매 위에 지어지기 때문이다. 유목 생활에서 가죽으로 안을 댄 이동식 집은 현명한 해결책이다. 순록은 단 몇 시간 만에 마을 전체를 끌어 옮긴다. 일 년 동안 사람들은 시베리아 툰드라를 가로지르며 엄청난 거리를 이동한다.

러시아에서 가장 **동쪽**에 있는 **추코트카의** 전통적인 바다 사냥꾼들. 이들의 사냥은 일 년 내내 계속된다. 겨울과 봄에는 물범을, 여름과 가을에는 바다코끼리와 고래를 잡는다. 여름에는 바다코끼리 가죽으로 안을 댄 전통적인 우미악을 아직도 사용하지만(사진에서처럼), 위험한 부빙 사이를 헤치고 갈 때는 모터보트를 선호한다.

대서양바다코끼리. 엄니는 송곳니가 길게 자란 것으로, 수컷뿐 아니라 암컷도 가지고 있다. 수컷의 경우 엄니의 길이가 1미터에 달하기도 하며, 얼음 위로 몸을 끌고 나올 때 무기와 지위의 상징으로 사용된다.

얼어붙은 바다 위의 사냥꾼들

돌간족 선조들이 얼어붙은 땅을 정복하고 있을 때, 다른 무리들은 북빙양에서 살아가는 독창적인 방법을 찾아내고 있었다. 해양 포유류를 사냥할 때 마주치는 어려움 중 하나는 문제가 생겼다 싶으면 바로 잠수해버리는 해양 포유류의 성향이었다. 최초의 사냥꾼들은 작살을 발명하여 이 문제를 해결했다. 작살은 작대기 끝에 뾰족한 쇠가 달린 창으로, 작살을 던져도 뾰족한 쇠가 줄과 연결되어 있다. 이 줄은 다시 물범의 방광이나 가죽을 부풀려 만든 부표와 연결되어, 작살에 맞은 동물이 잠수하는 것을 막는다. 동물은 숨을 쉬러 수면으로 나오거나 부표에서 벗어나려고 몸부림치다가 또다시 작살에 맞아 죽는다.

베링 해 북부의 사냥꾼들은 매우 노련하게 작살을 다뤄 60톤 이상이 나가기도 하는 북극고래—이보다 더 무거운 것은 대왕고래뿐이다—를 잡곤 했다. 카약은 짧게 잡아도 1,500년은 된 발명품이다. 나무 골격에 가죽을 늘려 덮은 카약은 뒤집혔을 때 바로잡을 수도 있고 운반하기도 쉬운 가벼운 배다. 서기 500년 즈음 발명된 것으로 추정되는 카약의 덮개는 중요한 돌파구가 되었다. 노 젓는 사람의 허리에 끈으로 매달 수 있는 이것은 카약이 방수가 되게 하고 덮개가 없는 배보다 훨씬 더 안전하게 해주었다.

서기 1000년에 이르러 툴레족으로 알려진 사람들이 알래스카 해안에 정착했다. 수가 15만에 달하는 이들은 고북극지방 전역에 퍼져 있는 현대 이누이트족의 선조로 추정된다. 오늘날 수많은 이누이트 사람들은 외부로부터 가해지는 변화에 맞서 자기들의 전통적인 생활양식을 유지하려 애쓰고 있다. 이런 상황에서도 여전히 선조들의 방식과 거의 같은 방식으로 육지에서 사는 사람들이 있다. 그런 그룹 중 하나가 러시아의 가장 동부인 추코트카에 살고 있다.

매년 5월, 소규모 사냥꾼 무리가 총빙으로 나가 그들의 작은 금속 보트를 은박지처럼 으깨버릴 수도 있는 거대한 얼음덩어리 사이에서 사냥을 한다. 그들은 바다코끼리—수많은 북극의 고래들보다 더 큰 물범—를 찾아 조용히 움직인다. 바다코끼리는 무게가 2톤까지 나갈 수도 있고, 1미터 길이의 엄니를 가지고 있으며, 불리한 상황에 몰리면 공격적으로 변하기도 한다. 사냥꾼들은, 바다코끼리가 얼음이 없는 탁 트인 바다로 나가 잠수하기 전에 매복 공격을 하고자 한다. 작살은 사냥꾼들이 바다코끼리를 거의 다 따라잡았을 때에만 쏜다. 지금은 총알로 마지막 타격을 가하지만, 이것만 제외하면 수백 년, 심지어 수천 년간 변하지 않은 장면이다.

사냥이 끝나면 사람들은 밤새 바다코끼리 고기를 자르고, 조각을 모두 다 가져가 식구들을 먹이고 옷을 해 입힌다. 이들 공동체는 근근이 생존하고 있다. 한 해를 잘 넘기려면 사냥철을 성공적으로 넘겨야 한다. 그러나 봄은 짧고 해빙이 물러가면 물범도 떠난다. 물범도 고기를 소화시키고 새끼를 낳는 토대로 얼음을 의존하기 때문이다.

먹을 거리가 줄어드는 여름이면 이누이트족은 알을 찾아 새들의 벼랑으로 향한다. 이누이트족에게 북극지방의 극심한 계절 변화는 조금도 새로운 게 아니다. 그들은 수 세기에 걸쳐 계절의 변화를 관찰하고 그에 적응해왔다. 그러나 최근 몇십 년 동안에는 먹을 거리를 찾기가 더욱 힘들어졌다. 그들의 고향이 변하고 있다.

썩은 얼음과 얼지 않은 바다

매년 봄 알래스카의 최북단 도시 배로의 이누이트족은 그들의 사냥 전통을 기념하기 위해 모여든다. 이들은 기념행사로 트램펄린처럼 젊은이를 공중으로 6미터까지 던지는 '담요 던지기' 의식을 행한다. 이는 과거에 사냥꾼들이 8월이 되어도 수평선까지 딱딱하게 얼어붙은 바다 멀리에서 공기를 내뿜는 고래를 발견해내기 위한 방법이었다. 오늘날 젊은이가 공중에 날아올라가서 보는 광경은 상당히 변했다. 2002년부터는 6월 즈음이면 얼지 않은 바다가 보인다.

북극지방 전역에 걸쳐 이누이트족은 변화를 관찰하고 이에 반응하고 있다. 그들은 얼음에 따라 계절에 이름을 붙이는데, 지금은 6월의 '썩은 얼음'이 5월에 보인다고 한다. 얼음이 이렇게 일찍 녹으면 많은 문제가 생긴다. 사냥꾼들은 얼음이 일찍 녹아 물범들이 털갈이를 마치기도 전에 물에 들어가기 때문에 물범 가죽의 질이 떨어진다고 말한다. 이누이트족은 여름에 해빙을 이용하여 그린란드로 가곤 했다. 지금은 얼음이 너무 위험해졌기 때문에 5월부터는 그렇게 하는 것을 금지하고 있다. 또한 이누이트족은 날씨를 예측하기가 더 어려워졌다는 것을 알게 되었으며, 바람과 구름 유형을 읽어내는 고대의 기술을 버렸다. 나이가 든 사람들은 이렇게 말한다. "이건 우리 날씨가 아니야. 다른 사람들 날씨야."

과학자 샤리 기어허드 박사는 북극지방의 변화를 확인하는 데는 이곳을 이해하는 사람들의 눈을 통해 추적관찰하는 것이 가장 좋은 방법이라고 믿는다. 자신들의 환경에 대해 수 세대에 걸쳐 축적된 경험을 가지고 있는 사람들에게는 감지하기 어려운 미묘한 변화가 보일 수 있기 때문이다.

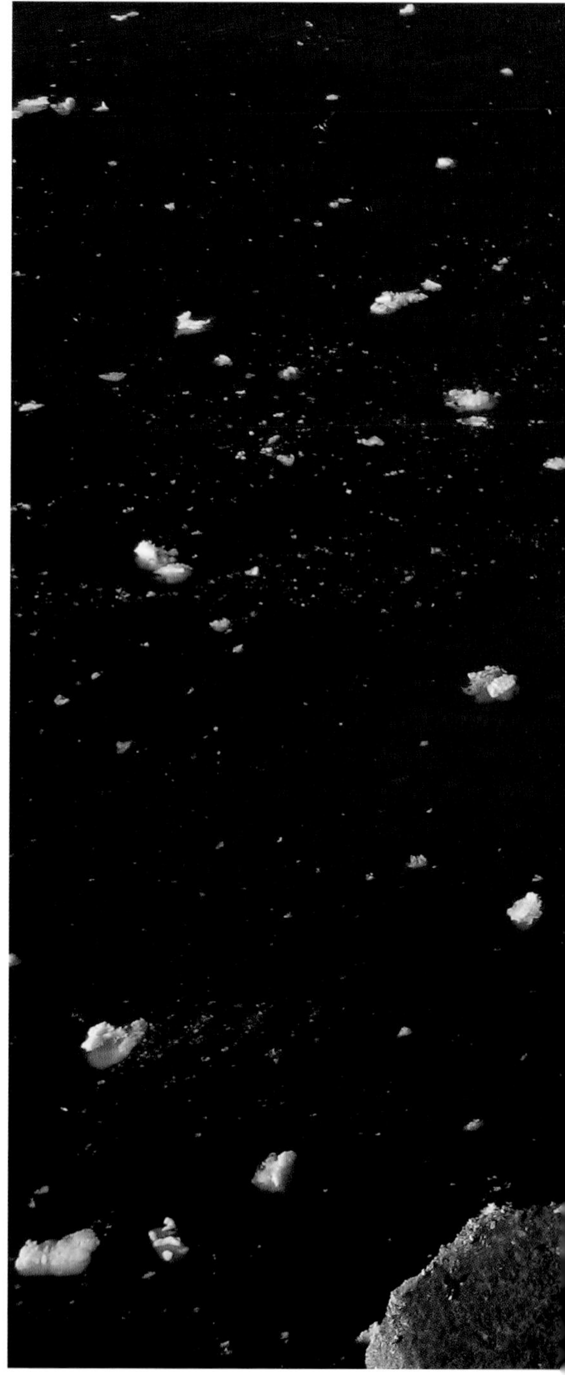

아래
러시아 북극지방의 바다오리 군집 한가운데서 새의 알을 채취 중인 사람. 여름에 이누이트족은 밧줄과 단단히 디딘 발에만 의지한 채 목숨을 걸고 바닷새의 알을 수거한다. 육식 포식자 중 둥지가 있는 위험한 바위턱까지 도달할 수 있는 존재는 인간뿐이다.

기어허드 박사는 시험 프로젝트 이글리니트(Igliniit)를 시작했는데, 처음에는 캐나다 북극지방의 클라이드 강 이누이트 공동체와 함께 작업했다. 이 작업에는 6명의 사냥꾼—2명은 개를 이용하고, 4명은 스노모빌을 탄다—이 참여하여 야생 생물은 물론 얼음의 특징을 기록한다. 그들은 주문제작한 GPS 기구를 사용하여 갈라진 틈, 약한 얼음, 얼음이 없는 탁 트인 바다, 물범, 곰의 위치를 표시한다. 날씨 자료도 입력하여 기어허드 박사와 그의 팀은 변하는 환경의 복잡한 지도를 만들 수 있다. 육상에서 얻은 이런 세부 사항은 위성 영상으로부터 얻어내는 변화의 사진에 더해진다. 기본적으로 이누이트족은 과학자들이 우주로부터 본 것을 자기들의 눈으로 직접 보고 있다.

녹아내리는 해빙

미국 콜로라도의 국립설빙자료센터(National Snow and Ice Data Center, NSIDC) 과학자들은 여름철 북극의 해빙 규모에 관한 위성 자료를 30년 넘게 수집했다. 이 자료는 해빙이 700만 제곱킬로미터 이상에서 2007년에는 430만 제곱킬로미터로 감소했음을 보여준다. 게다가 1979년 이래 얼음 면적이 500만 제곱킬로미터 미만이었던 기록이 2007년,

2008년, 2010년, 2011년에 나왔다. 얼음이 덮고 있는 면적은 분명히 변하고 있다. 그러나 얇아지고 있기도 하다는 증거가 예상치 못한 출처에서 나왔다.

1960년대부터, 그리고 냉전시대에 걸쳐 영국, 미국, 러시아의 잠수함은 북빙양을 순찰했다. 북빙양이 북미와 러시아 사이의 가장 짧은 길이어서 군사적으로 중요한 지역이기 때문이다. 미국 해군과 영국 해군 모두 얼음의 두께—수면으로 떠오를 곳을 찾을 때 매우 중요하다—를 기록했다. 이 40년치의 기록은 북빙양의 얼음 두께가 1980년대보다 40퍼센트나 얇아져 2미터로 줄어들었음을 보여주었다.

느려지는 얼음공장

또 다른 중요 요인은 얼음의 나이다. 얼음의 나이는 북극지방의 각 지역마다 다르다. 매년 해빙이 시베리아와 알래스카 해안을 따라 생성되는데, 이곳을 '해빙 공장(sea ice factory)'이라고 부른다. 그것은 얇은 부빙으로 시작하는데, 이런 부빙은 강풍에 밀려 북빙양을 가로지르며 천천히 이동한다. 얼음은 매년 겨울 꾸준히 두꺼워지면서 몇 년에 걸쳐 그린란드와 캐나다까지 도달한다. 시베리아 해안의 새로운 얼음은 얇으며 매년 녹아

내리는 현상에 빠르게 반응하는 한편, 이보다 오래된 그린란드 북부와 캐나다 제도의 얼음은 더 두껍고 변화에 대한 저항이 심한 편이다.

2007년 미국항공우주국(NASA) 과학자들은 위성 자료를 얼음부표 자료와 결합하여 컴퓨터에 기초한 북극 전역의 얼음 지도를 만들었다. 이 작업은 7년 이상 된 얼음의 비율이 단 20년 만에 21퍼센트에서 5퍼센트로 줄어들었음을 보여주었다. 따라서 이것은 공식적인 사실이다. 북극의 해빙은 점점 더 얇아지고 있고 생성기간 또한 짧아지고 있으며,

1980년 9월의 북극 해빙을 시각화한 이미지. 여름이 끝날 무렵 최소 규모로 줄어든 해빙—당시 780만 제곱킬로미터—을 보여주고 있다. 해빙의 규모는 지구 표면에서 방출되는 극초단파를 기록하여 측정한다(물과 해빙이 방출하는 극초단파는 서로 다르다).

2007년 9월의 북극 해빙을 시각화한 이미지. 여름이 끝나갈 즈음 해빙은 430만 제곱킬로미터로 줄어들었는데, 이는 위성으로 해빙을 기록한 이래 가장 작은 규모였다. 여름 얼음의 규모는 이렇게 낮은 수준에 가까운 상태로 있어서 북극지방의 새로운 지역을 탐사할 수 있게 해준다.

이런 이유 때문에 여름철 녹아내리는 현상에 매우 취약하다.

최근에는 바다의 많은 부분을 덮은 얼음이 너무나 얇아져서 여름이 끝날 무렵이 되면 전부 다 녹을 위험에 처한다. 이런 추세가 다음 몇십 년간 계속된다면 여름이 끝날 때쯤의 북극점은 얼음이 없는 탁 트인 바다에 위치하게 될 것이다. 2010년 국립설빙자료센터의 소장 마크 세레즈는 발표를 통해 이 문제를 설명했다. "북극의 여름철 해빙 면적은 죽음의 소용돌이에 빠져 있다. 이는 회복되지 않을 것이다."

알베도 효과

해빙의 손실은 북극만의 문제가 아니라 전 지구적인 문제다. 얼어붙은 바다는 거대한 반사경 역할을 하여 태양열의 85퍼센트를 우주로 다시 내보낸다. 이것이 바로 알베도 효과다. 이것은 극지방을 차갑게 유지시키고 지구의 기후를 조정한다. 바닷물은 어두워서 태양에너지를 반사하기보다는 93퍼센트를 흡수한다. 북극의 여름에 녹는 얼음이 더 많을수록 바다에 의해 흡수되는 열은 더 많아진다. 그 열은 해류에 의해 전 세계로 퍼져 나가 바다의 온도를 전반적으로 상승시킨다. 해빙이 녹으면 '지구대순환(global conveyor belt, 열염순환 또는 대양대순환해류라고도 하며, 밀도차에 의해 생기는 해수의 순환을 말한다.—옮긴이)'이라고 알려진 해류계도 교란된다. 적도로부터 따뜻한 물이 북쪽의 북극으로 이동하여 그곳에서 냉각된다. 찬물은 따뜻한 물보다 밀도가 높고 가라앉으며, 그런 다음 적도로 돌아와 다시 따뜻해짐으로써 대순환이 완성된다. 해빙은 녹아서 담수층을 형성하는데, 이런 물은 바닷물보다 밀도가 낮아 뜨게 되므로 순환을 방해한다. 이에 따라 부분적으로 해류에 의해 조절되는 세계의 기후를 교란한다.

아픈 얼음 곰

녹아내리는 해빙에 대처하려고 안간힘을 쓰는 것은 인간만이 아니다. 북극곰은 얼음을 발판 삼아 이동하면서 물범을 사냥한다. 이들은 해안의 해빙을 좋아하는데, 기후 모형 예측에 의하면 이런 얼음이 가장 큰 위험에 처해 있다. 그 영향은 심각하다. 마지막으로 추정된 전 세계 북극곰의 개체수는 2만 5,000마리 미만이었는데, 2007년 미국지질조사국은 이르면 2050년까지 개체수가 3분의 2로 줄어들 것이라고 경고했다. 또한 북극곰의 마지막 피난처는 캐나다 고북극지방과 그린란드 서부가 되겠지만, 2080년에 이르면 그곳에서도 사라질 것이고, 그나마 살아남은 북극곰만이 북극제도 안에 남을 것이라고 예측했다. 북극곰이 먹는 물범에 축적된 독성화학물질과 사냥 등과 같은 다른 요인이 북극곰의 몰락을 가속화시키고 있다. 간단히 말해 대부분의 북극곰 개체들은 극적으로 감소하고 있다.

스발바르에서는 노르웨이의 연구팀이 20년 넘게 매년 곰을 대상으로 건강검사를 실시하고 있는데, 그들은 이 기간에 걸쳐 암컷의 상태가 지속적으로 나빠졌음을 확인했다. 이 조사결과가 지니는 의미는 심각하다. 체중 미달의 암컷은 저체중의 새끼를 낳으며, 이런 새끼 곰들은 첫해를 넘기기가 어렵기 때문이다.

곰 가족들은 아직 얼음이 남아 있는 곳에 도달하기 위해 매년 더 많은 시간을 헤엄쳐야 한다. 2011년 무선장치를 단 어떤 암컷 곰은 9일간 687킬로미터를 계속 헤엄쳐 간

위

11월 말의 굶주린 수컷 북극곰. 이 수컷은 허드슨 만에 얼음이 생겨 다시 사냥할 수 있게 되기를 기다리며 에너지를 아끼고 있다. 7월 초 얼음이 녹은 이후 육지에 고립된 이 곰의 머리에 난 상처는 아마도 육지에 발이 묶인 다른 수컷들과 싸우는 과정에서 생겼을 것이다.

맞은편

허드슨 만의 문제아 곰. 어깨에 있는 녹색 자국은 이 수컷이 사람들에게 잠재적으로 위험한 '문제' 곰이었기 때문에 언젠가 (어쩌면 처칠 시의 쓰레기 더미를 뒤지다가) 잡힌 적이 있음을 암시한다. 이 수컷은 여름을 보내며 거의 먹지 못해 체중이 절반으로 줄었다.

스발바르 노르아우스트라네 섬을 덮고 있는 에우스트포나 빙관의 가장자리를 비추는 아침 햇살. 표면적 8,120제곱킬로미터의 이 빙관은 그린란드 바깥에 있는 북극지방 빙관 중에서도 가장 큰 빙관에 속한다. 안쪽의 얼음은 두꺼운 상태로 있지만 가장자리는 얇아지며 물러나고 있다.

뒤에야 마침내 얼음에 도달하여 휴식과 사냥을 할 수 있었다. 이 엄청난 이동을 하며 암컷 곰은 큰 대가를 치렀다. 가던 도중 한 살 된 새끼를 잃은 것이다. 어린 새끼들은 이렇게 멀리까지 헤엄을 칠 수 없으며, 따라서 어떤 어미들은 새끼들을 육지에 남겨둔다. 불행히도 새끼들이 육지에서 질 좋은 먹이를 찾아낼 가능성은 낮다. 과학자들은 그로 인해 새끼들의 사망률이 높아져서 북극곰이 크게 감소하는 것일지도 모른다고 생각한다.

움직이는 얼음 가장자리

역사적으로, 얼어붙은 바다에서 녹아내리는 가장자리는 늘 야생 생물을 끌어들이는 주요 장소였다. 매년 봄 이런 가장자리에서 폭증하는 생물들을 먹기 위해 전 세계 각지에서 새와 고래가 수천 킬로미터를 이동해온다. 인간도 온다. 바렌츠 해와 베링 해의 어장을 포함하여 북극의 어장은 세계에서 가장 풍요로운 어장에 속하며, 이곳에서 전 세계 어획량의 10퍼센트가 확보된다. 알래스카 어장 하나만 해도 미국 해역에서 잡히는 어류의 절반 이상을 공급한다. 봄에 조류(藻類)가 폭증하면서 그 찌꺼기가 해저로 쏟아져 바다 밑바닥에 사는 군집 전체를 먹여살린다. 이러한 백합류, 갑각류, 해양 벌레류는 턱수염바다물범, 고리무늬물범, 바다코끼리, 솜털오리, 심지어 매년 이들을 먹으러 멕시코 해안으로부터 1만 킬로미터 이상을 이동하는 귀신고래와 같은 잠수 동물들의 먹이가 된다.

그러나 이 모든 것이 변하고 있다. 게다가 빠르게 변하고 있다. 해빙의 전체 면적이 줄어들면서 얼음 가장자리는 북쪽으로 이동하고 있다. 따라서 베링 해 같은 곳이 이제는 예전보다 녹아내린 가장자리로부터 훨씬 더 남쪽에 위치하며, 전반적으로 생산성도 떨어진다. 자생 어류와 물범은 점점 더 찾아보기 힘들어졌다. 이는 그것에 의존하는 상업적인 수산업계와 그 지역 이누이드 사람들 모두에게 문제가 되고 있다. 많은 동물들이 어쩔 수 없이 얼음을 따라 더 멀리 북쪽을 돌아다닌다. 귀신고래가 북쪽 바다에서 흰돌고래, 일각고래, 북극고래와 중복되어 나타나기 시작했고, 결국에는 먹이를 놓고 경쟁하게 될 것이다. 범고래는 북쪽을 침범하고 있다. 범고래는 높은 등지느러미 때문에 얼음 사이를 이동하기가 힘들어 북극에서는 보기 힘들었다. 그러나 얼음이 적어지면서 범고래도 풍요로운 북극의 바다로 쉽게 진입할 수 있게 되었다. 최근 범고래가 일각고래를 공격하는 횟수가 늘어났다고 보고된 바 있다.

오일 러시

극북 지역은 자원의 보고다. 전 세계 잔존 석유와 가스 매장량의 4분의 1이 북빙양 아래에 있다고 여겨지며, 이는 전 지구에 석유는 3년, 가스는 14년 동안 그 수요를 충족시킬 수 있는 양이다.

과거에는 극한의 날씨와 먼 거리 때문에 탐사가 제한되었지만 얼음이 물러가면서 북극의 오일 러시(oil rush, 석유 개발 열풍)가 시작되었다. 그것이 바람직한 일인지의 여부는 또 다른 문제다. 2010년 멕시코 만에서 일어났던 딥워터호라이즌(석유 시추 시설. 2010년 폭발로 원유가 대량 유출되었다.―옮긴이) 사태가 얼음 해역에서 발생한다면 유출된 기름은 제거하기가 거의 불가능할 것이다. 그러나 중동에서 정치적 문제가 증가하면서 북극의 석유와 가스는 믿을 만한 대안으로 떠오르고 있다.

후퇴하는 얼음은 뱃길도 열어주고 있다. 존 프랭클린 경과 같은 탐험가들이 수 세기 동안 유럽과 아시아 사이의 지름길인 전설적인 북서항로(Northwest Passage) 북극 루트를 찾고자 했지만 그들이 발견했던 것은 얼음으로 가로막힌 길뿐이었다. 이를 처음으로 통과한 사람이 로알 아문센이었는데, 1904년 그는 최남단 루트를 경유했다. 그 여행은 2년 이상이 걸렸고 1944년까지 그 루트는 다시 이용되지 않았다. 2010년 8월 이 길에 몇 주 동안 얼음이 완전히 없었던 적이 있다. 이는 이런 일이 연속으로 일어난 4년 중 세 번째 해에 일어난 것이었고, 역사에 기록된 것으로는 네 번째였다. 대서양과 태평양 사이의 이동을 최대 4,000킬로미터 단축함으로써 얻어지는 잠재적인 혜택은 엄청날 수 있다.

얇아지는 해빙이 개발의 기회를 제공함에 따라 북극 5개국(Arctic Five)―북극지방의 해안선을 관장하는 국가인 캐나다, 러시아, 미국, 노르웨이, 덴마크(그린란드에 대한 주권을 통해)―은 그들의 권리를 주장하며 해안선 앞바다의 넓은 대륙붕에 지배권을 확장하는 데 열을 올리고 있다. 해저 북극점에 러시아 국기를 꽂고, 캐나다가 2007년 새로운 북극기지를 열기로 한 결정은 극북 지역의 상업적·전략적 중요성과 관련하여 새로운 시대가 열렸음을 알리고 있다.

위기의 빙관

얼음은 땅에서도 녹고 있다. 이를 직접 목격하고 싶다면 그린란드로 가보기 바란다. 그린란드는 북극지방 육지 얼음의 대부분을 차지하는 거대한 얼음판으로 덮여 있다. 빙하학자 앨런 허버드 박사와 그의 팀이 그린란드 빙상으로 곤두박질치는 나이아가라 유형의 폭포 안으로 카메라를 내리려고 안간힘을 쓸 때 그들과 함께 서보면 이곳에서 과학이 얼마나 역동적이면서도 위험할 수 있는지 분명히 알 수 있다. 이 팀은 그들 주변 각지에서

위

해빙 고속도로. 트럭들이 캐나다 유콘의 얼어붙은 보퍼트 해를 이용하여 석유 기지에 물자를 공급하고 있다. 더 많은 석유와 가스가 바다 밑에 갇혀 매장되어 있으며, 덮고 있는 얼음이 녹아내리면 접근이 가능해질 것이다.

맞은편

알래스카 해안 앞 보퍼트 해의 석유 시추대. 여름이면 이곳의 더 넓은 지역에서 얼음이 사라진다. 셸 사는 기술적, 정치적, 환경적으로 어려운 문제들만 해결된다면 20년 안에 북극의 석유 생산량이 전 세계 석유 생산량의 4분의 1을 차지할 것으로 예측한다.

뒷장

그린란드 북동부에 대한 덴마크의 권리를 주장하는 2인조 6개 팀 중 하나를 끄는 허스키들이 휴식을 취하고 있다. 덴마크 특수부대가 보낸 이 시리우스 순찰대는 프랑스와 영국을 합친 것보다 더 넓은 무인지대―귀중한 금속과 석유의 잠재적인 보고―를 순찰한다.

프로즌 플래닛

232

그린란드 남서부 디스코 만 근처 에키프세르미아 빙하 위의 해빙호. 폭이 300미터로 측정된 이 호수는 위쪽의 골짜기를 통해 물이 빠져나간다. 이런 호수는 폭이 최대 8킬로미터나 되기도 하며, 그린란드 상층부의 공기가 계속 따뜻해지면서 빙상에서 훨씬 높고 북쪽에 위치한 곳에서도 생성된다.

일어나고 있는 변화를 추적 관찰하기 위해 거의 24시간 내내 햇빛이 내리쬐는 모든 순간을 활용한다. 몇 주 만에 빙관에 얼음이 녹아 거대한 호수들이 생성되며, 어떤 것은 폭이 8킬로미터에 달했다가 수백만 톤의 물이 아래 빙상으로 빨려들어가면서 밤사이에 사라져버린다. 호수가 빠져나갈 때 가까운 곳에서 일을 하고 있던 과학자가 있었는데, 그는 그 소리가 "원자폭탄 같았다"고 묘사했다.

그들이 연구하고 있는 것은 그린란드의 극적인 온도 상승의 결과로 어떤 변화가 일어났는가 하는 것이다. 그린란드는 지난 30년 사이에 기온이 5℃나 상승했다. 따뜻한 공기는 빙상을 빠른 속도로 간단히 녹여버린다. 2010년 허버드 박사와 그의 팀은 빙상의 북쪽과 상부의 새로운 부분이 녹고 있으며, 전년도에 비해 녹은 물의 양이 두 배 이상 많아졌다는 사실을 확인했다. 추가된 이 물은 결국 기반암으로 들어가 그 위의 빙관에 윤활제로 작용할 것이다.

"그것은 마치 얼음이 갑자기 수상스키를 타는 것 같기도 하고 바나나 껍질에 미끄러지는 것과도 아주 유사하다"고 허버드 박사는 말한다.

지난 10년간 그린란드에 있는 수많은 빙하의 이동속도가 두 배에서 세 배까지 빨라졌다. 그린란드 동부의 칸게를루수악 빙하는 최대 연 14킬로미터의 속도로 이동했다. 대부분의 빙하가 일 년에 몇 센티미터에서, 많아봐야 몇백 미터 정도 움직인다는 사실을 감안하면 이것이 의미하는 바를 이해할 수 있을 것이다.

줄어드는 빙하, 상승하는 바다

지금 과학자들은 또 다른 요인이 그린란드의 얼음을 약화시키고 있다고 믿는다. 대서양에서도 비교적 따뜻한 곳인 멀리 남쪽에서 흘러온 바닷물이 빠른 속도로 그린란드의 피오르로 쏟아져 들어오고 있다. 빙하가 바다를 만나는 지점에서 이런 물은 떠 있는 빙설(ice tongue, 해안에서 돌출되어 있는 길고 좁은 부빙―옮긴이)을 녹이기 시작하여 육지와의 연결을 느슨하게 만든다. 빙설은 뒤에 있는 육지 얼음에 대해 마개처럼 작용하는데, 일단 이것이 떨어져 나가면 얼음은 더욱 쉽게 바다로 흘러든다.

2010년 8월 페테르만 빙하가 극적으로 분리되어 1962년 이후 북극 지방에서 목격된 것 중 가장 큰 빙산을 만들어내면서 이는 중요한 관심사로 부상했다. 251제곱킬로미터에 이르는 이 거대한 얼음 조각은 미국 맨해튼 섬의 네 배 크기다. 그 자리에 남겨진 광활한 면적의 바다가 나머지 빙설이 녹는 것을 도와 주요 빙산의 연쇄적인 분리를 일으킬 수 있다.

북극 전역에서 빙하와 빙원이 녹고 있다. 알래스카의 빙하는 가장 극적인 변화 중 일부를 경험했다. 2000년 빙하를 항공 측량한 결과, 고도가 낮은 곳에 있는 빙하의 98퍼센트가 얇아지고 있거나 후퇴하고 있음이 드러났다. 지난 25년간 컬럼비아 빙하는 15킬로미터나 후퇴했다.

이렇게 육지 얼음이 녹는 현상은 북극지방뿐 아니라 나머지 전 세계에도 중요한 문제다. 얼음과 녹은 물이 육지에서 바다로 이동하여 해수면을 높인다. 앨런 허버드 박사 같은 과학자들은 그린란드만으로도 세기말까지 해수면이 최대 0.5미터 상승할 것으로 예측하고 있다.

푸르러지는 그린란드

2007년 그린란드에서 가장 오래된 나무 네 그루(1893년 실험에서 이 나무들을 심었던 네덜란드의 식물학자를 기려 로센빙어의 나무라고 명명되었다)가 다시 자라기 시작했다. 이 소나무들은 그린란드 전체에서 아홉 군데밖에 없는 숲 중 하나인 작은 조성림의 일부분이다. 그 밖에도 녹색을 띤 것의 대부분은 과거에 덴마크에서 들여온 것들이었다. 그러나 지금은 기후가 따뜻해짐에 따라 그린란드에서 자란 콜리플라워, 브로콜리, 양배추 등이 슈퍼마켓을 채우고 있다. 감자도 상업적으로 재배되고 있고, 정원에서 딸기를 성공적으로 수확했다는 보고도 있다. 덴마크의 원예학자 한스 그론보르는 작은 농업연구단지에서 풀, 감자 품종, 그리고 처음으로 국화, 제비꽃류, 피튜니아 등과 같은 한해살이 꽃을 재배하고 있는데, 지역 사람들은 여전히 동물원에서 이국적인 동물을 바라보듯 자신의 식물을 바라본다고 한다.

그린란드 남부에 사는 사람들에게 기후 변화는 좋은 일이다. 겨울이 늦게 오고 빨리 감으로써 양을 산에 방목하고 보트로 이동할 수 있는 시간이 늘어났다. 암컷 양은 더 많은 수의 새끼, 그리고 더 살찐 새끼를 낳는다. 성장기가 3주나 늘어났고, 좀 더 따뜻한 바다를 찾는 대구가 해안 앞바다에 다시 등장하기 시작했다.

북반구의 어떤 빙하보다도 많은 얼음을 바다로 내보내는 그린란드 야콥스하운 이스브레 빙하에서 떨어져 나온 거대한 빙산. 이 빙하가 만들어내는 빙산은 디스코 만을 떠다니다 북대서양에서 점차 녹는다.

맞은편

여름철 그린란드 빙상 표면의 해빙 수로망. 이 물은 빙하구혈이라고 알려진 수직 기둥을 통해 얼음의 맨 아랫부분으로 떨어진다. 빙하구혈에서 물은 위에 있는 얼음의 윤활제로 작용하다 결국 바다로 빨려들어간다. 앨런 허버드 박사 팀은 최근 그린란드 빙상에서 나오는 녹은 물의 양이 2009년과 2010년 여름 사이에 두 배로 증가했음을 보여주었다.

술 취한 숲 증후군

600명의 이누피아크 에스키모들도 그렇게 생각하는 것은 아니다. 수 세대 동안 그들의 부족을 보호해줬던 집이 무너지고 바다로 미끄러져 들어가기 시작하면서 그들은 알래스카 북부의 작은 섬 시쉬마레프를 떠나야 할 상황이다.

시쉬마레프는 극단적인 예지만 그것을 일으킨 현상은 점차 확장되고 있다. 북반구에서는 육지 아래 땅의 25퍼센트를 차지하는 얼어붙은 땅, 즉 영구동토가 녹으면서 땅이 푸석푸석해지고 허물어지고 있다. 얼어 있던 비탈에 산사태가 일어나고 암석이 쉽게 붕괴한다. 얼음으로 고정되어 있던 나무들이 불안정해지면서 위험한 각도로 기울어, 소위 말하는 술 취한 숲(drunken forest)을 만들어낸다. 드넓은 육지 얼음에서 자라는 숲이 죽어서 늪과 습지로 바뀐다. 이는 숲 서식지에 의존했던 순록과 기타 야생 생물들을 위험한 상황에 몰아넣는다. 영구동토가 녹는 것은 인간에게 재앙이다. 집, 산업 및 위생 시설, 청결 시설, 파이프라인, 도로, 철도, 그리고 공항 착륙 가설 활주로 등이 모두 훼손되기 때문이다.

알래스카 시쉬마레프의 건물이 바다로 쓰러지고 있다. 이곳의 해안은 매년 20미터 이상씩 침식되고 있다. 이는 영구동토가 녹고 해빙의 후퇴가 겹치면서 일어나는 현상으로, 불안정한 땅을 증가된 바다–파도 작용에 노출시킨다. 기후 변화가 미친 영향을 매우 극적으로 보여주는 예다.

가스 가열

전 지구적으로 미치는 영향도 있다. 영구동토가 녹기 시작하면 전에 단단히 얼어붙었던 죽은 유기물로부터 나오는 탄소와 접촉할 수 있고, 유기물은 분해하기 시작할 수 있다. 이런 일이 공기 중에서 일어나면 이산화탄소를 만들어내지만, 늪이나 습지에서 일어나면 훨씬 더 강력한 온실 기체인 메탄을 만들어낸다. 그리고 지금 유례없는 규모로 이런 일이 일어나고 있다. 전에는 얼어붙은 토탄 습지였던 100만 제곱킬로미터의 시베리아 땅이 지금은 호수와 녹은 웅덩이로 가득하며, 여기에서 메탄이 끊임없이 부글거리고 있다.

영구동토는 북빙양 아래서도 발견되는데, 이 역시 급속도로 녹고 있다. 2008년 국제 북극연구센터의 나탈리아 샤코바 박사는 방출 가능성을 지닌 수중 영구동토 아래 메탄이 지구 대기 중 메탄의 양을 12배 상승시킬 것으로 결론지었다. 이 잠재적인 시한폭탄의 규모는 우리가 상상할 수 있는 수준을 넘어선다.

섀클턴 시대의 남극

남극대륙에는 북극지방보다 담수가 열 배나 많다. 이 얼어붙은 대륙은 너무나 외지고 사람이 살기 어려운 곳이어서 토착민이 살았던 적이 없다. 1820년까지는 그곳을 본 사람조차 없었다. 오늘날에는 많은 정부가 남극대륙 본토와 근처 섬의 영구 과학기지를 지원하고 있지만 여름에도 본토에 있는 사람들의 수는 좀처럼 5,000명을 넘지 않는다. 그러나 인간이 이 대륙에 영향을 미치지 않는다는 뜻은 아니다. 멀리 떨어진 이 야생의 자연에도 온도 상승이 주된 영향을 끼치고 있다.

유명한 남극탐험대가 그들 자신도 알지 못하는 사이에 얼음에 대한 연구를 시작했다. 1916년 어니스트 섀클턴은 탐험선이 얼음에 부서져 가라앉자 도움을 청하기 위해 동료 두 명과 함께 작은 배를 타고 출발했다. 그들은 폭풍이 부는 거친 바다를 항해한 뒤 아남극의 섬 사우스조지아에 당도했다. 굶주리고 옷은 누더기가 된 세 남자는 이 섬의 빙상을 가로질러 가야만 했고, 그렇게 해서 반대편 해안에 있던 안전한 고래잡이 기지 그리트비켄에 도착했다.

몇 년마다 영국 해병대는 섀클턴의 여행을 재현하고자 시도하지만 엄청난 인내를 요구하는 이 장대한 업적을 진정으로 모방할 수는 없다. 얼음이 녹았기 때문이다. 섀클턴의 사진사 프랭크 헐리가 사우스조지아의 수많은 빙하를 기록으로 남겼기 때문에 이를 알 수 있다. 거의 한 세기 뒤에 같은 빙하에 가본 〈프로즌 플래닛〉 제작팀은 그런 빙하 중 많은 것들이 상당히 후퇴했음을 발견했다.

남쪽으로 더 가면 더욱 극적인 변화가 목격된다. 2010년 미국지질조사국은 남극반

얼어붙은 북극의 호수에서 나오는 메탄에 불을 붙이고 있는 케이티 월터 연구원. 영구동토가 녹으면서 나오는 유기물질은, 위를 덮고 있는 호수가 얼었어도 계속해서 박테리아에 의해 분해된다. 그 결과 발생하는 메탄이 얼음 천장 아래에 모인다. 메탄은 강력한 온실기체다.

도 남쪽의 모든 얼음전선이 후퇴하고 있으며, 1990년 이후 가장 극적인 변화가 일어나고 있다고 발표했다. 이는 강력한 대기 온난화의 결과다. 지난 50년 동안 2.8℃가 상승함에 따라 남극반도는 남반구에서 가장 빠른 속도로 따뜻해지고 있다.

이동하는 펭귄들

아델리펭귄은 펭귄 중 가장 남쪽에 둥지를 틀며, 북극지방의 북극곰처럼 생의 대부분을 바다에서 보낸다. 그들은 봄에 몇 주 동안만 새끼를 낳기 위해 육지로 올라온다. 아델리펭귄은 남극반도에서 여전히 가장 많이 볼 수 있는 펭귄으로, 그들은 노출된 암석의 모든 곳을 차지한다. 그러나 오늘날에는 많은 군서지가 버려져 있다. 아마도 반도 주변의 따뜻해진 온도가, 얼음을 좋아하고 아델리펭귄의 먹이가 되는 크릴의 양을 감소시켰기 때문인 듯하다. 봄에 발생하는 블리자드(저온과 눈보라가 동반되는 강풍―옮긴이)의 빈도가 증가한 것도 그들을 감소시킨 원인일 수 있다. 이런 폭풍은 번식기가 절정에 이를 때 군서지를 강타하여 대재난을 만들어내는데, 특히 눈이 녹으면서 둥지를 침수시켜 수많은 알과 새끼를 죽인다. 남극반도에서 아델리펭귄의 수가 전반적으로 줄고 있는 건지, 단순히 더 추운 지방을 찾아 남쪽으로 떠난 건지는 아무도 모른다.

그러나 이 새로운 여건을 좋아하는 동물도 있다. 주황색 부리를 가진 젠투펭귄은 남극반도에서 점점 더 자주 볼 수 있게 되었다. 젠투펭귄은 얼음을 피하는 경향이 있어 남극지방의 북쪽보다 좀 더 따뜻한 섬을 더 좋아한다. 전보다 따뜻해진 새로운 반도는 그들에게 완벽한 환경을 제공하며, 그들의 수는 30년도 안 돼 23퍼센트나 증가했다. 그렇다면 아델리펭귄은 감소하는데 왜 젠투펭귄은 이곳에서 늘어나는 것일까?

아델리펭귄은 얼음을 기반으로 살아가지만 젠투펭귄은 그렇지 않다. 따라서 조류나 용승된 해수가 얼음 생성을 막아 얼음이 없는 물에서 번성한다. 게다가 봄에 부는 블리자드가 젠투펭귄에게 영향을 미칠 가능성도 낮다. 젠투펭귄은 아델리펭귄보다 3주 뒤에 알을 낳는데, 그때 즈음이면 최악의 폭풍은 지나간 뒤다.

왼쪽
남극반도 당코 섬의 젠투펭귄 군서지. 역사
적으로 젠투펭귄은 북쪽보다 더 따뜻한 섬
을 선호했지만, 최근 몇십 년 동안 빙하 얼음
이 후퇴하여 암석 지역이 많이 노출되면서
이전보다 따뜻해진 반도에 서식하고 있다.

붕괴되는 빙붕

남극반도의 긴 팔은 남극대륙의 그 어떤 부분보다 더 멀리 북쪽까지 뻗어 있다. 따라서 기후가 따뜻해지면 이곳의 얼음이 가장 먼저 사라진다는 것은 놀랍지 않다. 하지만 더 멀리 남쪽에 있는 어마어마한 얼음덩어리, 거대한 남극 빙상은 어떨까? 이곳이 녹을 염려는 확실히 없지 않을까? 어쨌든 빙관의 여름 평균 온도는 여전히 −20℃이고, 아무리 극단적으로 예측한다 해도 온도가 영도까지 오르지는 않을 것이라고 한다.

그러나 영국남극조사국(British Antarctic Survey, BAS)의 앤디 스미스 박사 같은 과학자들이 우려하는 것은 바다 온도의 상승이다. 스미스 박사의 연구는 빙상이 거대한 담수 얼음덩어리 상태로 바다까지 뻗어 있는 빙붕에 초점을 두고 있다. 그는 폭탄을 사용하여 충격파를 얼음 바닥까지 보냈을 때 도로 반사되는 반향을 기록한다. 이 자료로부터 스미스 박사는 바다 온도의 상승이 얼음 아랫부분을 얼마나 녹이고 있는지 알아내는 빙붕 밑면의 지도를 만들 수 있다.

밑에서부터 녹는 것은, 현재 기록이 시작된 이래 얼음이 겪은 가장 극적인 변화 중 일부, 다시 말해 빙붕 전체 붕괴의 주요 요인으로 여겨지고 있다.

2002년 남극반도 북쪽의 라르센 B 빙붕은 3,250제곱킬로미터의 얼음이 빙상에서 떨어져 나가면서 붕괴되었다. 얼음이 얇아져서 부서지게 된 것은 그 아래에 있는 따뜻한 해수 때문이며, 여기에 따뜻한 공기가 더해지면서 표면을 녹여 호수를 만들어냈고 이것이 크레바스로 침투해 들어가 빙붕이 쪼개지는 것을 도왔다. 단 35년 만에 이 빙붕의 40퍼센트가 수천 개의 빙산으로 분해되었다. 이것은 지난 30년간 추적 관찰한 것 중 가장 큰 얼음 붕괴였다.

도미노 효과

라르센 B 빙붕에 상당량의 담수가 들어 있었겠지만 그것은 문제가 되지 않는다. 중요한 것은 그 후에 일어난 일로, 상당한 우려를 자아내고 있다. 라르센 B 빙붕은 그것을 만들어냈던 빙하를 저지하는 댐 역할을 했다. 빙하의 흐름을 저지하는 빙붕이 없어지면서 빙하는 전에 기록된 것보다 최대 여덟 배는 빠르게 바다로 쏟아지기 시작했다. 빙붕이 붕괴될 때 육지에서 미끄러져 내리는 얼음은 전 지구의 해수면을 상승시킬 수 있다.

2008년 위성 자료는 남극반도 남단에 있는 훨씬 더 큰 윌킨스 빙붕도 무너지기 시작했음을 보여주었다. 일 년 뒤 뉴욕시만 한 크기의 얼음덩어리가 떨어져 나와 빙산 조각으로 산산이 부서졌다. 2010년 앤디 스미스 박사와 그의 팀은 〈프로즌 플래닛〉 촬영팀과 함께 육지로부터의 붕괴를 기록하러 떠났다. 로테라에 있는 영국남극조사국 연구기

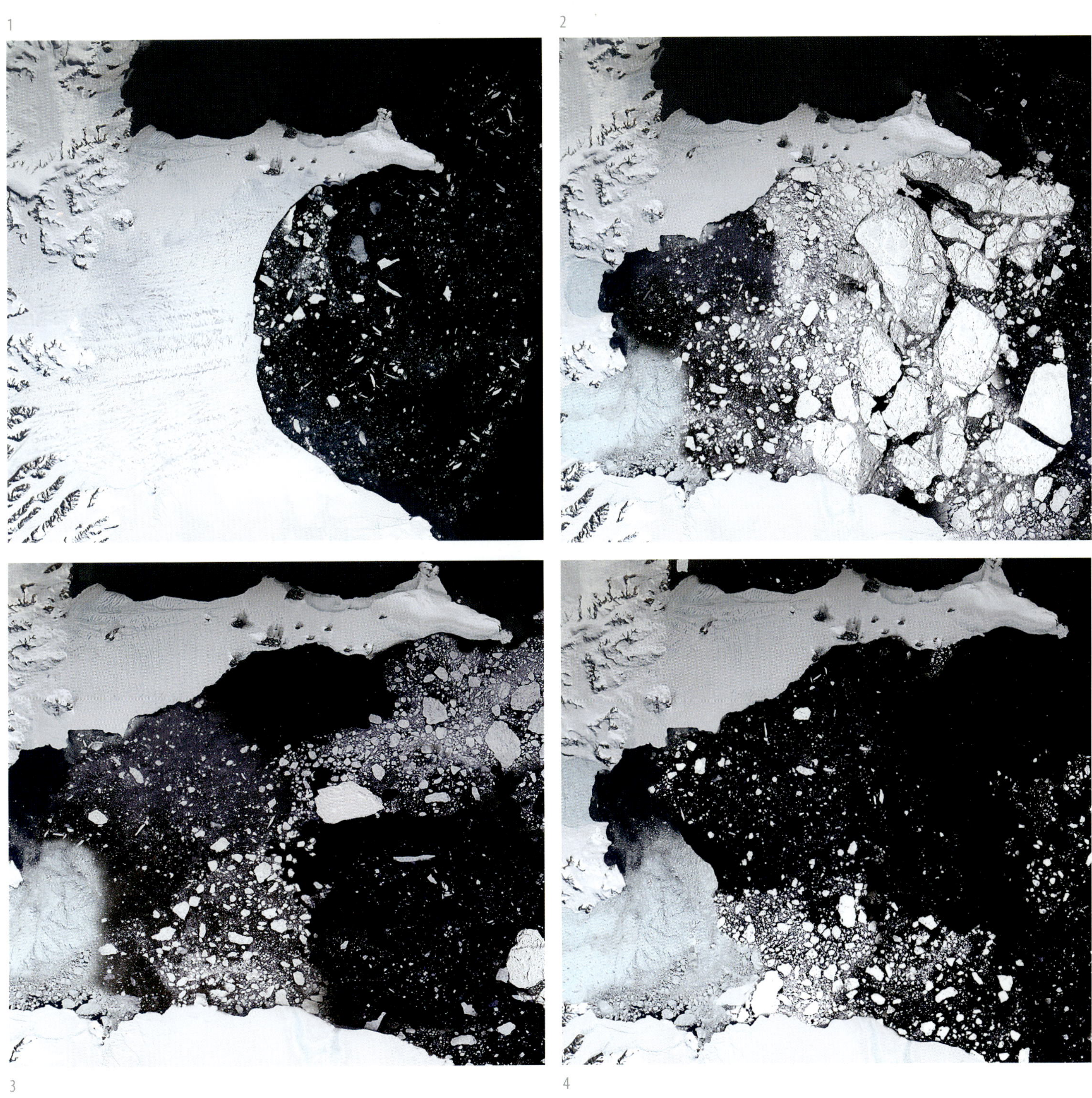

1
2
3
4

로스 빙붕에서 분리된 커다란 빙산. 로스 빙
붕은 기록상 사상 최대의 빙산들을 만들어
냈다. 과학자들은 이 커다란 빙산들이 빙붕
의 자연순환의 일부이며 대륙 반대편의 라
르센 B 빙붕의 붕괴와는 달리 아마도 해수
온도 상승에 의해 일어난 현상이 아닐 것으
로 믿고 있다.

영국남극조사국의 비행기가 2010년 윌킨스
빙붕의 잔해 위를 날고 있다. 라르센 B보다
크고 대략 자메이카만 한 크기의 이 빙붕은
가장 최근에 붕괴된 것으로, 남극반도를 따
라 남쪽으로 움직이는 파도 위에 있다. 다음
에는 남극대륙 위에 있는 얼음덩어리의 마
개 역할을 하는 거대한 빙붕이 붕괴될 것으
로 예측된다.

지에서 출발한 엄청난 여행 끝에 도착한 그들은 붕괴가 상상했던 것보다 훨씬 넓은 범위
에서 일어났음을 확인했다. 자메이카보다 더 큰 빙붕에서 남은 것이라고는 폭이 수 킬로
미터에 달하는 거대한 빙산들이 전부였다(296쪽 참조).

스미스 박사는 이어서 새로 형성된 거대한 빙산 중 하나에 기구를 설치하여 붕괴를
원격으로 계속 감시할 수 있게 했다. 윌킨스 빙붕의 붕괴는 남극반도를 따라 남쪽으로
이어진 일련의 빙붕 붕괴에서 가장 최근에 일어난 것이다. 스미스 박사가 우려하는 것은
다음에 붕괴될 가능성이 있는 빙붕들이 남극대륙의 거대한 얼음덩어리의 마개 역할을
하는 빙붕들이라는 점이다.

얼음, 바다 그리고 대기

남극대륙의 빙상은 남극횡단산지에 의해 둘로 나뉜다. 서남극빙상(West Antarctic Ice
Sheet, WAIS)은 동남극빙상(East Antarctic Ice Sheet, EAICS)보다 작지만, 둘 모두 이들을
둘러싼 빙붕이 붕괴하면 해수면을 몇 미터씩 상승시킬 잠재력을 가지고 있다. 과학자들
은 특히 서남극빙상에 대해 우려하고 있다. 서남극빙상은 남극대륙의 엄청나게 큰 빙붕
두 개에 의해 유지된다. 바로 로스 빙붕과 론-필허너 빙붕인데, 두 빙붕이 막아내고 있는
얼음은 그 자체의 무게로 인해 해수면 아래로 500미터 밀려 있는 육지 위에 자리하고 있
다. 이는 바닷물이 빙상 밑으로 침투하여 그 흐름을 가속화시킬 수도 있다는 뜻이다. 이
빙상이 붕괴되면 많은 양의 내륙 얼음과 녹은 물이 바다로 미끄러져 들어가 해수면을 상
당히 높일 것이다. 정확히 얼마나, 그리고 언제가 될지는 예측하기 힘들다. 왜냐하면 육
지 얼음과 바다와 대기의 온난화 사이의 복잡한 상호작용에 대해 아직도 알아야 할 것이
많기 때문이다. 진짜 문제는 이것이 우리가 부시해도 뇌는 위험인시 아닌시를 모른나는
것이다.

상승하는 바다

해안 지역에는 런던, 뉴욕, 방콕 등을 포함한 세계의 수많은 대도시들이 자리하고 있으며, 전 세계 인구의 약 70퍼센트가 거주하고 있다. 이미 수많은 해안 지역 사람들은 개인은 물론 정부에 엄청난 재정적 비용을 치르게 하면서 해수면 상승에 대처하기 위해 애쓰고 있다. 따라서 믿을 만한 예측이 반드시 필요한 상황이다.

기후 변화에 관한 정부간 패널(Intergovernmental Panel on Climate Change, IPCC)은 2007년 종합 보고서에서 2100년에 이르면 해수면이 0.59미터나 상승할 수 있다고 했다. 그러나 IPCC가 사용한 모형 중 그 어느 것도 메탄의 영향이나 빙붕 붕괴에 따른 빙하의 방출은 고려하지 않고 있다.

2009년 전 세계 주요 기후 연구기관 35개 처의 협력기구인 남극연구과학위원회(Scientific Committee on Antarctic Research, SCAR)는 이 수치를 1.4미터로 수정했다. 2년 전 예측치의 두 배 이상으로 변경한 것이었다. 기후 과학자들 사이에서는 이 수치가 1미터에 좀 더 가깝다는 의견이 형성되고 있지만, 그렇다 해도 여전히 많은 나라의 저지대를 침수시켜 넓은 지역을 거주 불가능한 곳으로 만들기에는 충분하다.

1미터 상승은 현재 한 세기에 한두 번 일어나는 해안 침수를 몇 년에 한 번씩 일어나게 할 것이다. 해변, 늪지, 평행사도(barrier islands, 모래나 자갈이 본토의 해안선과 평행하게 쌓여 생긴 섬—옮긴이)는 훨씬 더 빠르게 침식될 것이며, 담수는 소금에 오염될 위험에 처할 것이다.

미국에서는 동부 해안과 멕시코 만 연안지역 일부가 심각한 타격을 입을 것이다. 뉴욕에서 해안 범람은 일상적인 현상이 될 수도 있다. 플로리다 마이애미 주변 도시 땅의 약 15퍼센트가 물에 잠기고, 바다가 노스캐롤라이나의 일부분을 1.6킬로미터 이상 잠식해 들어올 수도 있다. 물론 뉴올리언스 지역의 제방, 네덜란드의 그 유명한 둑, 런던의 템스 강 제방처럼 바닷물이 들어오지 않게 방어물을 지을 수 있다. 그러나 바다가 상승하면 그 비용이 치솟을 가능성이 크며, 어쨌든 허리케인 카트리나가 입증했듯이 그런 방어물이 완전한 것은 아니다. 몇 년에 한 번씩 세계의 해안선을 난타하는 폭풍해일은 분명히 사람들을 내륙으로 피난하게 만들 것이다. 그러나 쫓겨난 사람들이 어디로 가야 할지, 특히 대도시—방글라데시의 경우, 심지어 나라 전체—가 위험에 처한 아시아에서는 어디로 가야 할지 알 수 없는 일이다.

남빙양의 거대한 파도에 강타당하는 남극의 빙산. 대륙으로부터 더 많은 육지 얼음이 바다로 미끄러져 들어가면서 이와 같은 빙산의 수는 증가할 것이다. 그 영향은 전 세계의 해수면 상승으로 이어질 것이다.

얼음의 개척자들

한 해가 지나는 동안 지구의 3분의 1 이상은 얼어붙어 있다. 그곳이 다른 상태로 있는 것을 목격한 사람은 없다. 우리 자신의 진화 여정이 시작된 것은 마지막 빙하시대가 시작된, 거의 200만 년 전으로, 그때 이래로 극지는 항상 얼음에 덮여 있었다. 털가죽이나 깃털 대신 독창력을 기반으로 인간이 북극지방에 처음 자리 잡은 것이 겨우 4만 년 전의 일이다. 초기 개척자들은 번성하여 널리 퍼져 나갔다. 이들은 얼어붙은 북쪽에서도 꽤 괜찮은 삶을 살 수 있다는 것을 알아냈으며, 오늘날 그들의 후손 역시 여전히 그 점을 알고 있다.

인간이 지구의 또 다른 끝에서 남극대륙을 본 것은 200년도 되지 않은 일이다. 남빙양에 용감히 맞선 용맹한 뱃사람들은 북극으로 간 최초의 사람들처럼 새로운 사냥터를 찾아 남극으로 갔다. 고래와 물범 사냥꾼들은 남극대륙의 가장자리에 머무는 데 만족하며 그곳의 풍요로운 바다에서 수확을 했고 대륙에는 결코 발을 디디지 않았다. 한 세기가 지난 뒤 이 모든 것이 바뀌었다. 사람들이 무리를 지어 혹한의 남극대륙 내륙을 정복하기 위해 도착했지만 그것은 개발을 위해서가 아니라 탐험을 위해서였다. 스콧 대장이 이끈 것과 같은 탐험대는 인간의 인내력을 상징하고 위대한 국가 자긍심의 원천이 되었다. 스콧과 그의 탐험대는 얼음 위에서 죽었지만 그들의 목적은 단지 사진을 찍고 발자국을 남기며 남극점에 도달하는 것이었다.

오늘날까지 인간은 남극대륙을 개발하지 않았으며 앞으로도 그럴 것이다. 이것은 1959년 체결된 독특한 국제조약으로 확실하게 보장되었다. 이 조약에서 세계의 국가들은 그 어느 나라도 남극대륙을 자국의 것으로 주장하거나 광물이나 석유를 얻기 위해 개발하지 않기로 합의했다. 대신 남극대륙은 인류의 공익을 위해 과학에 바쳐졌다. 그리고 오늘날 남극지방에서 진행되고 있는 과학 연구가 조약 체결국들이 상상했던 것보다 훨씬 더 인류에게 중요하다는 사실이 입증되고 있다. 극지방에서 발생하는 일이 우리 모두에게 영향을 준다는 것을 깨닫게 되었기 때문이다.

꺼지는 에어컨

극지방은 지구를 시원하게 유지시켜 주는 에어컨 장치다. 그러나 극지로부터 먼 곳에서 일으킨 전 지구적 온도 상승, 따뜻한 공기의 증가, 해수 상승은 기후를 통제하는 극지방의 능력에 지장을 주고 있다. 그 결과 눈과 얼음의 면적이 줄어들고, 그로 인해 태양으로부터 온 에너지를 다시 우주로 반사하는 지구의 능력을 떨어뜨리고 있다. 언 땅은 녹고 있고 강력한 온실기체가 대기 중으로 방출되고 있으며, 육지의 얼음은 지구 전역의 해수면을 상승시킬 만한 규모로 녹고 있다. 극지방 넓은 지역에서 온도가 빠르게 상승하고 있을 뿐만 아니라 다른 곳의 두 배 속도로 상승하고 있다. 이런 이유에서 양극지방은 조기경보체계, 달리 말하자면 지구를 위한 '카나리아'로 볼 수 있다.

탄광에서 카나리아는 광부에게 위험이 다가오고 있음을 경고한다. 지구 공동체는 극지방의 경고에 주의를 기울이고 변화를 늦출 것인가? 만일 그러지 않을 경우 과연 문제가 될 것인가? 적응할 수 없다면 인간은 아무것도 아니다. 척악의 기후 예측이 사실이 된다 해도 인류는 생존할 것 같다. 그러나 인구는 격감할 것이고, 많은 수의 사람들이 말로 다 할 수 없는 고통을 겪을 것이다. 확실한 사실은, 얼어붙은 극지방이 없다면 우리들의 보금자리인 이 지구는 아주 다른 곳이 되리라는 것이다.

7장 | 극지 이야기

Beaver
Kg. 2

극지의 대작 만들기

〈프로즌 플래닛〉과 같은 시리즈는 다시 만들어지기 힘들 것이다. 세계에서 가장 경험이 풍부한 야생 생물 영화 제작자, 극지 과학자, 기술 전문가들을 포함한 엄청난 멀티미디어 탐험대의 규모나 물류 문제 때문이 아니라 북극과 남극이 녹고 있기 때문이다. 이 시리즈의 목적은 지구온난화가 이 행성 최후의 거대한 야생 지역인 극지를 영원히 바꿔놓기 전에 그곳의 경이로움을 밝혀내는 것이었으며, 또한 스토리텔링, 드라마, 서사적 촬영기법 등 장편영화 기술을 이용하여 그 작업을 해내는 것이었다. 캐스팅한 주인공은 북쪽의 북극곰과 남쪽의 아델리펭귄, 조연으로는 북극여우와 범고래, 아울러 지배자 태양, 그리고 항상 존재하는 눈과 얼음의 세력들이다.

책임 프로듀서 앨러스테어 포더길이 구상한 〈프로즌 플래닛〉은 〈남극의 생태계(Life in the Freezer)〉, 〈아름다운 바다(Blue Planet)〉, 〈살아 있는 지구(Planet Earth)〉를 제작하면서 얻은 경험으로부터 탄생했다. 〈살아 있는 지구〉에서는 뛰어난 선명도를 더해준 고화질(HD) 촬영과 숨이 멎는 듯한 공중 영상 등 획기적으로 발전된 기술을 선보였다. 이런 영상을 촬영할 수 있었던 것은 흔들림을 감소시키는 장치가 갖춰져 있고, 조이스틱으로 조종하며, 헬리콥터나 비행기에 부착할 수 있고, 360도 회전이 가능하며, 고공에서 안정적인 화면을 제공하는 카메라가 있었던 덕분이다. 〈프로즌 플래닛〉의 작업이 시작되었을 때 기술은 더욱더 강력해진 컴퓨터, 훨씬 더 좋아진 고화질·고속 카메라를 개발했으며, 더불어 새로운 저속 촬영과 모션컨트롤 기술이 나와서 획기적인 장면을 얻을 가능성이 훨씬 커졌다. 그러나 언제나 그렇듯이 야심적인 프로젝트를 성공으로 이끄는 것은 단순한 기술이 아니라 팀워크, 기획, 그리고 용기다.

제작팀은 극한의 추위와 예측 불가능한 날씨, 촬영 가능한 극지방 계절이 짧다는 점, 팀을 극지방으로 수송하고 그곳에 체류시키는 데 드는 엄청난 비용, 많은 동물들의 비교적 알려지지 않은 행동 특성 등 중요한 문제에 직면했다. 그러나 큰 문제들을 극복하다 보면 실패로 인해 좌절도 맞게 되지만 크나큰 보상도 얻게 된다. 이 프로젝트의 결과로 나타난 게 바로 그것이었다.

메가숏

이 시리즈를 시작했을 때 제작팀에게 주어진 시간은 단 4년이었다. 이는 남극지방에서 촬영할 기회가 단 두 번뿐이라는 뜻이었다. 그래서 남극에 2009년과 2010년에 여름이 찾아와 녹기 시작했을 때 제작팀은 야생 생물들이 그러듯 남으로 향했다. 촬영을 할 수 있는 기간이 5개월 뿐이어서 유일하게 선택할 수 있는 것은 메가숏(megashoot)이었다. 이는 일곱 개의 팀을 남극대륙 전역에 배치하여 얼음 가장자리에서 범고래를 추적하거

나, 육지에서 펭귄의 뒤를 따라가거나, 얼음 밑으로 잠수를 하거나, 또는 광활한 내륙을 비행한다는 뜻이었다.

　　러시아의 쇄빙선을 타건 영국 해군과 함께 가건 혹은 골든플리스 호—남극의 베테랑 제롬 퐁세 선장의 지휘 아래 극남 지역까지 들어간 최초의 요트—를 타건 드레이크 해협 너머로 이동할 수 있는 방법은 배를 이용하는 것뿐이었다. 또 반드시 필요한 것이 국제과학기지, 특히 미국 맥머도 기지와 영국남극조사국 기지의 도움이었다. 그리고 남극의 계절이 끝나자 제작팀은 북극의 동물들처럼 북극에 도착하는 봄의 뒤를 쫓아갔다.

높이 날다

"그것은 마치 힘든 결혼과도 같았다." 시리즈 프로듀서 버네서 벌로위츠는 시네플렉스 (Cineflex)와의 관계를 이렇게 말한다. "우리는 함께 전 세계를 누볐다. 하지만 가장 큰 문제는 그것을 어떻게 남극대륙까지 가져가느냐 하는 것이었다." 시네플렉스 없이는 항공 촬영을 통해 얼어붙은 대륙의 규모를 전달해줄 방법이 없었다. 하지만 과연 -35℃에서도 작동할까?

시네플렉스 카메라맨 마이클 켈럼을 안락한 할리우드로부터 유혹해내는 것이 첫 번째 과제였다. 그러나 더 힘든 것은 계획을 세우는 일이었다. 미국국립과학재단은 〈프로즌 플래닛〉의 촬영을 위해 맥머도로부터 120시간의 비행시간을 내주었다. 따라서 얼마 동안 어디까지 날아갈 수 있느냐가 매우 중요했다. "하지만 그곳을 촬영한 사진은 거의 없었고, 나는 그 규모를 거의 짐작조차 할 수 없었다." 버네서가 말한다.

첫 비행으로 간 곳은 남극대륙의 활화산 에러버스 상공이었다. 버네서는 "정상의 광경은 모든 예상을 뛰어넘었다"고 말한다. 그러나 세찬 바람과 거대한 화산 연기 기둥으로 인해 비행은 열다섯 번의 시도가 무산된 끝에 조종사 폴 머피가 구름 속의 구멍으로 돌진하는 위험을 무릅썼을 때 비로소 성공했다. "위험한 비행이었다. 거센 바람을 무사히 지나가고 화산의 연기 기둥을 피해야 했다."

부글거리는 분화구 속을 촬영할 때 "헬리콥터가 흔들리지 않길 바라며 마이크가 줌 렌즈로 클로즈업을 하려고 했지만 그때 폴은 헬리콥터를 뒤로 빼고 다시 한 바퀴 돌아야만 했다. 네 번째 되돌아와서야 비로소 촬영을 할 수 있었다. 아래쪽 화산 언저리에서는 과학자들이 손을 흔들고 있었고, 마이크는 극한의 하강 중에 풀백숏으로 그들을 보여줄 수 있었다." 헬리콥터가 갑자기 "너무 빨리 하강하기 시작하는 바람에 고막이 터질 것만 같았다." 구름의 구멍이 닫히려고 했다. "우리는 충분히 몰아붙였다."

내륙으로 들어가 드라이밸리까지 날아가기 위해서는 "100년 동안 변하지 않은 지도를 보면서, 몇 시간 간격으로 연료를 방출할지 알아야 했다"고 버네서는 말한다.

"하지만 내륙의 진정한 규모는 오직 상공에서만 파악할 수 있었다. 얼음이 계곡으로 기어들어가는 것이 보이는 지점, 산이 더 이상 빙관을 저지할 수 없는 지점에 이르러서야 이것이 진정으로 지금 일어나고 있는 지질 작용, 즉 얼음과 바위 사이에 끊임없이 거듭되는 싸움임을 깨달을 수 있었다……. 계곡이 너무 건조해서 조종사는 고도를 높여야만 했다. 계곡은 이곳과 너무나 어울리지 않아 보였다. 남극대륙에 떨어진 그랜드캐니언, 소수의 사람들만이 본 협곡이었다……. 계곡 하나를 돌면서 우리는 수천 년에 걸쳐 바람이 풍화시킨 조각 작품인 가고일 암석들을 보았다……. 나는 어떻게 단 몇 장면으로 이 특별한 광경의 정수를 뽑아낼 것인지 계속 고민했다. 마지막 과제는 해안을 따라 비행한 뒤 내륙으로 남극점까지 비행하여 데이비드 애튼버러와 만나는 일이었다. 그것은 불행하게 막을

고공비행하는 감독. 버네서가 남극의 거대한 활화산 에러버스 산에 오르기 위해 다시 한 번 이륙하고 있다.

맞은편
1. 에러버스 산으로 가는 길에 헬리콥터에서 본 남극 빙관의 모습.
2–3. 물리적으로 가능한 최대 높이 4,270 미터에서 비행하며 분화구를 돌고 있다. 공기가 너무 희박하여 산소마스크가 필요했을 뿐만 아니라 헬리콥터는 공중에서 한곳을 맴돌 수가 없었다.
4. 분화구 안을 들여다본 모습. 보통 때에는 증기 구름이 용암호—세계에서 단 세 개의 영구 용암호 중 하나—를 가려 잘 안 보이지만 이날은 분화구를 촬영할 수 있을 정도로 증기가 걷힌, 몇 안 되는 날 중 하나였다.

내린 스콧의 탐험 경로를 따르는 것이었다. 그 거리를 이동하려면 소형 비행기 트윈오터를 타고 가는 길밖에 없었다. 말하자면 시네플렉스를 위해 특별한 장착대를 만들고, 혹한의 날씨에 그것을 장착하고, 그러다가 예보가 악화되면 해체해야 한다는 뜻이었다. 사실 이륙하기에 충분할 정도로 날씨가 맑아지기까지는 8주가 걸렸다."

버네서는 "남극대륙에서는 모든 것이 상상을 초월하는 규모"라고 말한다. "나는 해안을 따라가면서 빙관에서 흘러나오는 그 유명한 드리갈스키 빙설을 촬영하고 싶었다. 하지만 2만 피트(6,056미터) 상공에서 날고 있었음에도 그 끝을 볼 수 없었다." 또한 공중에서 바라본 해안의 모습은 핼릿 곶의 아델리펭귄 번식지가 왜 그곳에 있는지를 확실

극점 위의 데이비드. 촬영팀과 장비, 데이비드 애튼버러를 실제 북극점으로 데려가기 위해서는 러시아의 비행기와 검은 비닐봉지, 그리고 용기가 필요했다.

남극횡단비행을 하며 바라본 광경. 데이비드와 촬영팀은 맥머도에서 남극점까지 가기 위해 미국의 허큘리스 비행기를 타고 산맥 위를 날았다.

하게 알려주었다. "이 거대한 해안선에서, 그곳은 바람이 눈을 날려버려 유일하게 얼음이 없는 곳이었다."

"갑자기 우리는 남극횡단산지—거대한 빙하들이 이등분한 남극대륙의 히말라야 산맥—에 들어와 있었다. 출렁거리는 바다처럼 비어드모어 빙하 위로 날아올랐을 때 나는 '세상에, 엄청나게 크네'라고 계속 말했는데, 이것은 빙관의 출구 하나에 불과했다……. 지상에 있었던 스콧은 그 여행의 규모가 얼마나 엄청난 것이었는지 짐작조차 못 했을 것이다."

빙관 자체는 "모든 것을 다 무효로 만드는 풍광이었다. 여섯 시간 동안 아무것도 없는 곳을 비행하다가…… 비로소 지평선에 검은 점 같은 남극점 기지가 보였다. 그곳에서 데이비드와 나머지 팀원들이 우리를 기다리고 있었다."

비행기는 항공촬영이 가능한 상태가 아니었다. "이륙할 때마다 창문과 렌즈는 꽁꽁 얼어버렸고, 나는 결코 찍을 수 없을 것이라 생각했다." 버네서가 말한다. "-35℃에 데이비드가 밑에서 기다리고 있는 상황에서 우리는 열 번을 돌고 돌았다. 매번 뭔가 문제가 생기곤 했다. 마이클은 손가락이 너무 시려서 초점을 맞추느라 안간힘을 썼다. 한편 데이비드의 무릎은 뻣뻣해져 잘 움직이지 않았다. 하지만 우리는 아문센과 스콧이 섰던 그 얼음 위에 데이비드가 서 있는 장면을 뒤로 멀어지면서 찍어야만 했다."

북극점에서 데이비드를 촬영하는 것 역시 힘든 작업이었다. 촬영팀은 매우 이른 봄에 들어갔는데, 이를 위해서 러시아 사람들과 함께 비행을 하고 얼음 위에서 야영을 해야 했다. 더구나 얼음은 끊임없이 움직이고 있었다. "우리가 착륙할 지점은 러시아 사람들의 방식처럼 검정 비닐봉지로 된 선으로 표시되어 있었다. 일단 모든 장비를 내려놓자마자 비행기는 가버리고 악천후가 밀려들었다." 버네서가 말한다.

촬영을 위해 임대한 오래된 헬리콥터가 이륙할 때까지 엿새 동안 그들은 얼음 위에 남겨졌다. 버네서는 항공촬영을 감독하면서 통역사를 통해 조종사에게 지시사항을 소리쳐야 했고 카메라맨 개빈 서스턴은 헤드폰에서 나오는 소리에 귀 기울여야 했다. 또한 실제 극점을 알아내는 것도 문제였다.

마침내 데이비드를 북극점에 내려주었고 그는 카메라 앞에 섰다. "84세의 나이에도 여전히 완벽한 프로인 그는 거침없이 맡은 일을 해냈다." 그런 다음 헬리콥터가 돌면서 그를 해빙 위의 점처럼 촬영했다. 15분 뒤 얼음이 움직였고 그가 선 곳은 더 이상 북극점 위가 아니었다. 그리고 기지를 떠난 뒤 몇 시간이 지나지 않아 커다란 틈이 벌어졌고 얼음은 떠내려갔다.

얼음 밑에서

남극이 바다에 둘러싸인 얼음 덮인 땅이라면, 북극은 대부분이 얼음에 덮인 채 땅으로 둘러싸인 바다다. "사실 북극 이야기의 대부분은 땅이 아니라 얼음에서 촬영된다"고 엘리자베스 화이트 감독은 말한다. "스노모빌을 타고 가다 보면 아래에 있는 것이 툰드라가 아니라 얼어붙은 바다라는 것을 잊게 된다. 얼음 아래, 그곳은 또 다른 세계다." 그들은 봄에 얼음에 난 구멍으로 잠수하여 얼음 밑의 세계에 겨우 접근할 수 있었지만 물밑에서의 작업은 "낯선 환경에서 시간과 오싹한 추위와 맞서는 싸움" 그 자체였다. 실제로 본 북극의 얼음 밑 세계는 놀랍게도 화려한 색채를 과시하고 있었다.

남극대륙 로스 해의 수중 세계는 추울 뿐만 아니라 접근하기도 대단히 어렵다. 그곳을 촬영하려면 맥머도에 있는 미국 과학기지의 도움을 받는 방법밖에 없었다. 그곳의 과

1–2. 구멍 뚫기. 미국 맥머도 기지의 장비로 1미터 두께의 로스 해 얼음에 잠수 구멍을 뚫었다. 그런 다음 구멍 위에 오두막을 설치했다. 3. 내려가기. 카메라맨 휴 밀러와 더그 앤더슨이 프로듀서 캐스린 제프스의 도움을 받아 얼음 아래로 내려가고 있다. 이들은 발열조끼를 입어서 최대 60분까지 몸의 감각을 잃지 않고 아래에 머물 수 있었다. 4. 빈둥거리기. 웨들물범들은 따뜻한 오두막 안의 잠수 구멍을 숨구멍으로 사용했다. 잠수했던 이들이 나오려는데 물범이 구멍을 막고 있어서 문제가 발생했다. 나오기 위해서는 거품을 방출하는 등 구멍을 쓰고 싶어 하는 다른 물범처럼 행동해야 했다.

커다란 해면에 초점 맞추기. 조명기구와 가림판(카메라 위)을 설치하기 위해 더그 앤더슨은 서너 차례나 잠수해야 했지만 다행히도 얼음 아래에는 빨리 움직이는 생물이 없었고 얼음 위에서 24시간 내내 여름 햇빛이 비추고 있었다. 문제는 추위와 할당된 날 안에 촬영을 끝내는 일이었다.

1

2

3

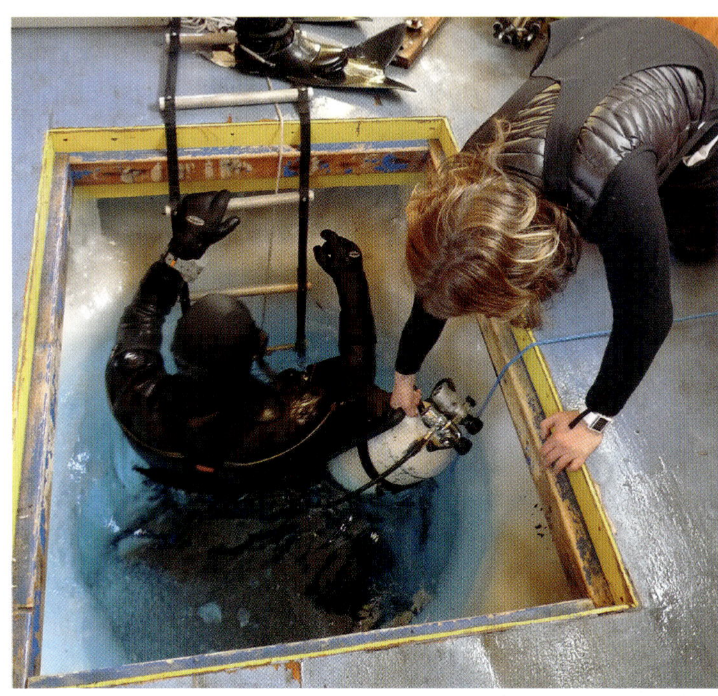

4

학자들은 수송과 숙박, 작업장 그리고 얼음에 구명을 뚫는 장비를 제공했고, 희한한 해빙에 대해 귀중한 조언을 해주었다. 제작팀이 촬영하고 싶었던 것은 해양생물뿐 아니라 얼음이었다. 그들은 얼음이 얼마나 역동적일 수 있으며 어떻게 생물을 살리기도 하고 죽이기도 하는지 보여주기 위해 저속 촬영(1분에 한 장)을 했다.

전기회로를 완벽하게 준비하고 특별한 틀을 만들어 저속 카메라가 -2℃의 수중에서 작동할 수 있게 한 뒤 카메라맨 휴 밀러는 더그 앤더슨과 함께 모든 장비를 가지고 생명체로 뒤덮인 얼음 아래 25미터 지점으로 잠수해 들어갔다. 그들은 첫 번째 잠수에서 모든 장비를 설치했다. 그런데 바로 그때 그들 뒤에서 뭔가가 점점 커졌다. 더그는 그것을 "천천히 다가오는 죽음의 손가락"이라 묘사했다. 그것은 바로 그들이 바라던 소금 고드름(브리니클)이었다. 브리니클은 바늘같이 생긴 얼음 안에 든 소금물의 흐름으로, 천천히 움직이며 접촉하는 모든 것을 죽여 얼음으로 감싼 뒤 녹여 없앤다.

기쁨은 오래가지 않았다. 웨들물범이 브리니클을 부서뜨렸다. 휴는 또 다른 브리니클이 대략 비슷한 장소에 나타나기를 기다리며 카메라 세 대를 각각 다른 각도로 설치(숏을 연속장면으로 자를 수 있도록)한 뒤 8시간 동안 작동시켰다. "많은 것들이 잘못될 수 있었다"고 프로듀서 캐스린 제프스는 말한다. "노출시간이 끝났을 수도 있었고, 추위에 배터리가 나갈 수도 있었고, 장비 틀이 물에 잠길 수도 있었고, 무척추생물이 렌즈 위에 앉을 수도 있었다……." 그러나 휴의 계산은 완벽했다. 카메라를 수거하여 파일을 다운로드했을 때 그들은 움직이는 죽음의 손가락이 불가사리를 잡아 감싸는 모습이 실제로 촬영되었음을 확인했다.

가장자리 위로

체이든 헌터 감독과 카메라맨 존 애치슨과 디디에 누아레는 얼음으로 막히지 않은 탁 트인 바다를 찾아야 했다. 그들이 찍으려 했던 연속장면은 간단했다. 황제펭귄들이 바다에서 얼음 가장자리로 뛰어오르는 모습이었다. 그러나 맥머도에서 워싱턴 곶까지 이어진 쭈글쭈글한 해빙 위를 나는 동안 그들은 얼음이 없는 바다에 이르는 길을 찾는 게 힘든 일임을 깨달았다.

그들은 정착빙(영구얼음) 위에 텐트를 세우고 얼음 사이로 길을 깎아내는 고된 작업을 시작했다. 군서지로 돌아오는 펭귄들을 만났기 때문에 그들은 얼음이 없는 탁 트인 바다가 앞에 있다는 것을 알았다. 며칠간 물집이 잡힐 정도로 작업한 끝에 마침내 얼음에서 구명을 하나 찾아냈다. "마치 사하라 사막에서 오아시스를 발견한 기분이었다"고 체이든은 말한다. 그러나 펭귄들은 그 구명을 사용하지 않았다. 폭풍과 지연, 그리고 움직이는 해빙 위에 캠프를 치는 게 너무 위험하다는 사실—이는 잠을 자러 캠프로 돌아가려면 5

옆

1. 잠수 준비. 카메라맨 디디에 누아레가 엄청나게 무거운 HD 카메라와 특별히 고안된 틀을 얼음 위로 수 킬로미터 끌고 온 뒤 물속에 넣을 준비를 하고 있다. 일단 물속에 넣으면 무게는 느껴지지 않는다. 한편 황제펭귄들도 산소를 가능한 한 최대로 흡수할 수 있도록 심장박동수를 분당 200까지 올리면서 잠수 준비를 마친다.

2. 자세를 잡고 잠수 준비하기. 디디에는 물속에서 카메라를 잡고 한쪽 눈을 뷰파인더에 고정할 것이다. 펭귄이 몸을 날리고 디디에가 녹화를 시작할 수 있는 시간은 단 몇 초뿐이다. 그나마 그런 순간은 디디에와 체이든이 얼음 구명에서 한 번에 몇 시간씩 기다리고 몇 겹의 장갑을 끼고도 손가락이 얼어붙은 후에야 오는 경우가 많았다.

3. 밖으로 나오기. 황제펭귄이 시속 400킬로미터의 속도로 바다에서 얼음으로 튀어나온다. 다행히도 황제펭귄은 유선형이고, 또 잘 튀어오른다. 날아오르는 펭귄을 촬영하는 것은 어려운 일이었다. 언제 밖으로 나올지 예측할 수 없을 뿐만 아니라, 황제펭귄(그 크기에도 불구하고)은 얼룩무늬물범을 무서워하는데 잠수복을 입은 사람들이 물범처럼 보이기 때문이었다.

킬로미터를 가야 하고, 그 사이에 큰 균열이 생기지 않길 바라야 한다는 뜻이었다—때문에 황제펭귄들이 밖으로 튀어나오는 것을 촬영할 수 있는 바다를 찾아내기까지는 열흘이나 걸렸다.

마지막 도전은 황제펭귄들이 뒤에 물거품을 일으키며 제트류를 남기고 수면으로 휙 날아오르는 모습을 슬로모션으로 촬영하는 것이었다. 이를 위해서는 어디에도 줄을 연결하지 않고(줄은 카메라와 엉킬 수 있다) 푸른 물속으로 잠수하여 물에서는 한 번도 사용한 적 없는 고속(슈퍼슬로모션) 카메라로 촬영을 해야 했다. 부력을 통제할 수 있는 방법은 탱크로 드라이수트(건식잠수복)에 공기를 넣는 것뿐이었다. 만일 뭔가가 잘못되면 "바다 바닥까지 그냥 내려갈 수도 있었다"고 체이든은 말한다. 또한 -2℃에서 담수 습기가 조금이라도 호흡관에 있으면 얼어붙을 수도 있었다. 최고의 장비와 얼음 다이버로서의 기량 이외에 다른 안전 대책은 없었다.

작업 중인 디디에. 물속에서는 카메라의 무게가 느껴지지 않아서 디디에는 황제펭귄들을 추적할 수 있었다. 심연으로부터 올라온 펭귄들은 밖으로 나갈 지점 주변을 빙글빙글 돌며 심장박동수가 정상으로 상승하길 기다린다. 그런 다음 몸을 위로 향해 빠르게 추진시키는데 이때 모든 공기가 깃털 밖으로 빠져나가면서 뒤에 로켓 자국 거품을 남긴다. 몸을 얼음 위로 끌어당길 팔다리가 없으므로 이것만이 밖으로 나갈 수 있는 방법이다. 그러나 표면에 무엇이 있는지 볼 수 없기 때문에 자칫하면 얼음덩어리와 충돌하여 부리가 부러지는 일이 일어날 수도 있다.

물은 착각을 일으킬 만큼 지독하게 투명했다. "처음에는 물속의 얼룩들이 플랑크톤인 줄 알았는데, 나중에 보니 100미터 떨어진 곳에서 구멍 밖으로 자신을 발사시키려고 준비하며 우주선처럼 뱅글뱅글 돌던 1미터 길이의 펭귄"이었다고 체이든은 말한다. "완전히 넋이 나가게 하는 광경이었다. 그러다 보면 문득 수심 게이지를 확인하고 자신이 엄청난 속도로 하강하고 있다는 것을 깨닫고는 미친 듯이 버튼을 눌러 드라이수트에 공기를 집어넣게 된다." 그것은 "마치 외계인들이 주위를 뱅글뱅글 도는 우주정거장에서 생명선도 없이 우주유영을 하는 것과 같았다"고 그는 말한다.

얼음 가장자리의 고래

봄에 얼음이 물러가면 수많은 극지 고래들이 먹이를 따라 모여든다. 남극지방에서 가장 남쪽까지 침투해 들어오는 것은 범고래다. 범고래는 해빙 아래 있는 풍부한 생물을 잡아먹으며 헤엄이 가능한 큰 틈을 찾아 가장자리를 돌아다닌다. 체이든 헌터와 카메라맨 제이미 맥퍼슨은 로스 빙붕 가장자리에서 범고래들을 찾기 위해 맥머도 기지의 헬리콥터를 이용했다.

고래 떼가 얼음 사이에 난 물길에서 헤엄쳐 올라오는 모습이 보이자 그들은 그 앞에 착륙하여 배리캠(Varicam, 고속 촬영과 실시간 촬영이 모두 가능한 카메라)과 폴캠(polecam, 막대에 설치한 수중카메라)을 설치하고 기다렸다.

"그들은 대개 느닷없이 쉭 하는 소리와 함께 공기를 뿜어낸다"고 체이든은 말한다. "그때 강아지 입 냄새 같은 냄새가 나는 기름기 많은 액체 입자를 뒤집어쓰게 되는데", 카메라 렌즈도 기름을 뒤집어쓴다. 범고래들은 숨을 쉬기 위해(얼음 사이의 물길에서는 평소처럼 등으로 뒹굴어 숨을 쉬는 것은 불가능하다) 스파이호핑 동작으로 몸을 수직으로 세워 절반 정도 물 밖에 나왔다. 그런데 그들이 이런 동작을 취한 것은 얼음 위에 있던 인간이라는 동물을 잘 보기 위해서이기도 했다.

"범고래들의 눈이 우리를 노려보고 있어 얼마나 놀랐는지 모른다." 체이든이 말한다. "눈이 우리를 훑으면서 오르락내리락했다. 어린 고래들은 우리를 향해 곧장 돌진하며 끽끽거렸으며, 어미 고래가 불러낼 때까지 매우 흥분해서 서로를 밀고 얼음을 밀쳐냈다. 그들은 기질적으로 호기심이 많다."

북극지방에서 얼음이 녹기 시작하면 캐나다 배핀 섬 앞바다에 모이는 일각고래는 가자미를 먹기 위해 이클립스 만 안으로 들어가려고 얼음 가장자리에 줄을 선다. 물길이 열리기를 기다리는 것이다. 이때 고래들은 그다지 두려워하지 않는다. 그래서 공중촬영 이후 프로듀서 마크 린필드는 카메라맨 톰 피츠를 얼음 위에 내려주고 가장자리에서 일각고래를 촬영하게 했다.

얼음이 녹기를 기다리는 동안 '유니콘' 엄니를 가진 일각고래 수컷들(가끔은 암컷이 이런 엄니를 가진 경우가 있다)이 펜싱을 하기 시작했다. 목격된 적도 거의 없고 제대로 촬영된 적은 단 한 번도 없는 장면이었다.

"나는 그게 어떨 것이라는 이미지, 그러니까 펜싱검 사브르의 충돌 장면을 마음속에 가지고 있었다. 실제로 그것은 부드럽게 서로를 어루만지는 정도였지 분명히 싸우는 것은 아니었다. 물론 서열을 가리기 위해서였다면 싸웠을 것이다." 마크의 회상이다.

마침내 얼음이 깨지고 일각고래가 이클립스 만으로 쏟아져 들어왔는데, "마치 러시아워" 같았다고 마크는 말한다. 일각고래들은 서로 다른 지점에서 들어왔고 물길을 따라 몸을 위아래로 흔들며 스파이호핑 자세로 전진했는데, 마치 부리를 앞으로 쭉 내민 벌새

맞은편

같았다. 서로 반대 방향으로 이동하는 두 고래가 좁은 물길에서 만나는 바람에 대치 상태
가 만들어지기도 했는데 팀이 마지막 날 아침 이 장면을 촬영했다. 일정상 마지막이었다
는 뜻이 아니라 그날 얼음이 깨졌다는 뜻이다. "그 다음 날 얼음은 바람에 밀려 모두 사라
졌고 일각고래는 보이지 않았다."

광기의 펭귄

매일 끌고 집으로 돌아가기. 마크와 제프는 펭귄 군서지에서 2.5킬로미터 떨어진 곳에서 야영을 했다. 이는 네 달 동안 매일 카메라 장비를 끌고 이곳을 오르락내리락해야 한다는 뜻이었다. 하지만 그것 때문에 그들이 의식하게 된 한 가지는 바로 고요였다. 최소한 군서지로부터 떨어져 있고 폭풍이 불지 않을 때 유일한 소리는 바람 소리뿐이었다.

계획은 이 프로그램에서 남극의 주인공인 아델리펭귄들이 도착하는 10월부터 새끼들의 깃털이 다 나는 2월까지 그들과 함께 보내는 것이었다. 물론 매우 힘든 일이 될 게 분명했다. 카메라맨 마크 스미스와 감독 제프 윌슨은 거의 4개월 동안을 크로지어 곶에서 폭풍과 극한의 추위를 견디며 아무런 이동수단도 없이 위성 전화기 하나만 가지고 자력으로 지내야만 했다. 하지만 그들은 팀 내에서 가장 강했고, 펭귄은 별로 위험한 동물이 아니었다. 그래도 그들이 미처 대비하지 못했던 게 있다. 바로 바람, 소음, 그리고 죽음과 황량한 풍경이었다.

"우리가 가장 먼저 본 것은 사방에 널린 죽은 펭귄들이었다." 제프가 회상한다. 극한의 건조와 추위, 그리고 박테리아가 없는 환경이라 사체는 썩지 않았으며 펭귄 배변물이 동토를 뒤덮어 엽기적인 모습이었다. 살아 있는 아델리펭귄들은 아직 먼 곳에 있었고, 로스 빙붕 너머에서 남쪽으로 돌아오는 중이었다. 따라서 들리는 것이라곤 바람 소리뿐이었다. 사실 바람은 그 여행에서 가장 무시무시한 요소였다.

"북극에서 위험했던 것은 북극곰이었고, 북극곰 찾기를 그만두기까지는 한동안 시간이 걸렸다. 하지만 우리가 정말 두려워해야 할 것은 바람이라는 것을 곧 깨달았다. 바람이 다가오는 소리는 마치 제트기의 낮은 굉음 같았다. 그런 소리를 들으면 우리는 서둘러 응급 대피 오두막으로 돌아갔다."

며칠 지나지 않아 수컷 펭귄들이 "마치 파티에 일찍 온 손님들"처럼 자기 구역을 확보하기 위해 하나씩 도착했다. 서서 발을 질질 끌던 그들은 호감을 사야 할 암컷이나 쫓아버릴 적수가 없자 이미 자리를 잡은 두 거인에게 가벼운 호기심을 보였다.

그러나 그때 처음으로 엄청난 눈폭풍이 몰아닥쳤다. "우리 두 사람 모두 극한의 상황에 익숙해져 있었기 때문에 눈폭풍이 시작되었을 때에는 그저 흥미진진하기만 했다"고 제프가 말한다. "우리는 펭귄들이 노는 모습과 바람에 날려 비탈 아래로 내동댕이쳐지는 모습을 찍었는데, 폭풍의 강도가 점점 거세지자 두려움이 밀려들었다." 처음에는 텐트가 날아갔다. "군서지 바위에 묶어 숨겨둔 장비를 찾지 못할지도 모른다는 사실이 가장 걱정스러웠다." 거의 시속 240킬로미터에 이를 정도로 바람이 거세지자 그들은 오두막의 지붕이 날아가지 않을까 걱정했다. 한 세기 전 스콧과 그의 대원들도 같은 걱정을 했을 것이다. 추위로 인해 이가 바스러지는 것 같았다.

나흘 뒤 두 사람이 펭귄 군서지에 다시 찾았다. 펭귄들은 폭풍을 견뎌냈을 뿐만 아니라(그냥 쭈그리고 앉아서) 군서지 규모는 두 배로 불어 있었다. "우리는 펭귄들이 몇 마리나 있는지 이야기하면서 언덕을 내려왔다. 그리고 눈빛의 역광을 받으며 펭귄들이 길게 줄지어 선 모습을 보았다. 우리가 찾던 대서사시를 카메라에 담을 생각을 하자 기분이 너무 짜릿해져서 우리는 얼음을 향해 언덕을 뛰어내려갔다."

매일 800마리 이상의 수컷들이 도착했고, 이어 수천 마리의 암컷들이 따라왔다. 그들이 짝을 이루면서 영역을 차지하기 위해 공격성도 강해졌고, 소음도 커졌다. 6주 뒤 그곳에는 30만 마리 이상의 아델리펭귄들이 들어찼다. 계속된 울음소리는 귀를 멀게 할 정도였다.

광기 속으로 빠져드는 것을 피할 수 없었다. "햇빛이 24시간 내내 있어서 우리는 우리가 무엇을 먹고 있는지 확신할 수 없었고, 수면 부족과 틀에 박힌 일, 그리고 바람에 대한 걱정까지 더해져 괴로움을 느끼기 시작했다." 제프가 말한다. "울음소리 이외에 음성도 들려왔다. 펭귄 한 마리가 다가와 '제에에-에에-프, 제에에-에에-프'라고 꽥꽥거리는 것이었다. 다행히도 나는 그 사실을 마크에게 이야기할 수 있었다. 혼자였다면 공포에 휩싸였을 것이다."

아델리펭귄들은 작은 몸집을 공격성으로 보완했다. 군서지에 많은 수가 있다는 것은 공간에 대한 경쟁이 치열하다는 뜻이며, 침입자는 지느러미 날개로 내리쳐서 쫓아낼 것

이다. 아델리펭귄의 가슴근육은 바다에서 살 수 있게 되어 있어 믿기 어려울 정도로 튼튼하며, 지느러미 날개로 세게 맞으면 마치 노로 얻어맞는 것 같다. "우리의 정강이는 몇 달간 말 그대로 푸르죽죽했다"고 제프는 회상한다. 처음에는 웃겼지만 두 사람은 이 공격자들에게 곧 적의를 품게 되었다. 펭귄을 잡아먹는 얼룩무늬물범을 본 순간은 이루 말할 수 없을 만큼 기쁨을 느꼈다. 아델리펭귄들이 알을 품기 위해 자리를 잡고 나서야 제프와 마크는 비로소 3주간의 짧은 휴식을 갖게 되었다.

그러나 새끼들에 대해서는 애착을 갖지 않을 수 없었다. 새끼들은 늘 죽음의 위험에 노출되어 있었고, 대개 한 쌍당 한 마리만 살아남았다. 형제 중 하나만 잘 먹이거나, 이웃

해변의 마크와 그의 아델리펭귄 친구들. 그와 제프가 도착했을 때 해변은 얼음과 눈에 파묻혀 있었다. 그러나 여름이 절정에 달하자 눈은 없어졌고 펭귄으로 사방이 뒤덮였다. 얼음 조각 사이에 숨어 있는 얼룩무늬물범을 보고 겁을 먹은 아델리펭귄들은 바다로 들어갈 용기를 다잡으며 모였고, 한 마리가 가자마자 모두들 단체로 뒤따라갔다.

펭귄들이 부리로 쪼아 죽이거나, 포식자 도둑갈매기에게 산 채로 잡아먹혔다. "기분이 끔찍해졌고, 우리는 날마다 일어나는 살육에 무감각하고 잔인해졌다"고 마크는 회상한다. 이제 여름이었다. -30℃의 온도 뒤에 찾아온 온기는 더없이 반가웠다. 그러나 땅이 녹으면서 흘러내리는 대변, 강을 이룬 소변, 죽은 펭귄들이 걷잡을 수 없이 쏟아졌다. "세상에서 가장 끔찍한 냄새였다"고 마크는 말한다. 바다에서 먹이를 잡아 돌아온 펭귄 부모들이 새끼들을 위해 분홍색 크릴과 물고기를 게워내는데, 그중 상당량이 부리 속으로 제대로 들어가지 않았다. "죽음의 악취 위에 비린내 나는 토사물과 펭귄의 대변은 막강한 조합을 이루었다." 그 냄새가 모든 것에 배는 바람에 그들이 돌아온 뒤에도 장비에 몇 달간이나 냄새가 남아 있었다. 제프는 "처음에는 대변으로 뒤덮인 옷을 벗어던지고 침낭으로 도망가는 게 가능했지만 곧이어 침낭에도 대변이 들어갔다"고 회고한다.

마지막 단계는 부모 펭귄이 모두 먹이를 찾아 떠나고 새끼들이 서로 모여 있게 되는 때다. 군서지에 수천 마리가 모여 있는(새끼의 3분의 2 미만만이 이 탁아소 단계까지 이른다) 이때가 새끼 펭귄들이 도둑갈매기들에게 가장 많이 잡아먹히는 시기다. 텃세가 강한 도둑갈매기는 마크와 제프의 머리도 쿡쿡 찔러댔는데, 지느러미 날개로 맞는 것보다 더 고통스러웠다.

새끼들이 성숙해지면서 시끄러운 소리는 잦아들었고, 마크와 제프의 일상생활도 조금 나아졌다. 새끼들이 자라는 모습과 부모들의 여행을 목격한 그들은 용감한 아델리펭귄에게 더욱 감탄했고, 그 경험이 육체적으로는 물론 감정적으로도 자신들에게 깊은 영향을 주었음을 깨달았다.

특별한 것은 이 과정에서 제프와 마크가 굳건한 동료가 되었다는 것이다. "나는 좋은 장면을 찍으려면 서로의 성격을 받아들이면서 느긋해지는 것도 하나의 방법이라고 생각한다." 제프가 말한다. 한 가지 좋았던 점은 제프는 저속 촬영 카메라를 살피며 일지 촬영을 하고, 마크는 행동을 촬영하면서 오랜 기간 서로 떨어져 군서지의 다른 지점에서 보냈다는 것이다. 그리고 물론 그들은 훌륭한 장비와 식량상자로 빈틈없이 준비를 했다. 제프는 "데이비드 애튼버러가 말한 것처럼 그곳에서의 생활은 아무리 바보라도 불편함을 느낄 수 있으며" 기운을 내는 데는 봉지째 데우는 즉석 카레만 한 게 없었다고 회상한다.

그래도 그들이 오래도록 갖고 있는 기억이 있다면 아델리펭귄들의 환경에서 살아남는다는 것은 믿기 어려울 정도로 힘든 일이라는 점이다. "이곳이야말로 진정한 야생지대였다"고 제프는 말한다. "인간은 이 펭귄들의 삶에서 전혀 중요하지 않다. 따라서 우리는 진정한 의미의 관찰자였다."

북극곰에게 쫓기다

"북극곰에게는 총빙 위가 완전히 익숙한 제 세상이지만 우리에게는 그렇지 않다." 프로듀서 마일스 바턴이 말한다. "그것이, 우리가 물을 사이에 두고 곰과 약 4.5미터 간격을 유지해야 하는 이유 중 하나다." 따라서 스발바르에서 곰을 촬영하기 위해 촬영팀은 배를 사용했다. 그것은 팀원들이 지낼 내빙 저인망 어선과 곰을 따라잡을(그리고 빨리 후진할) 수 있는 쾌속정이었다. 쾌속정에 시네플렉스용 집암(jib arm, 유동 촬영을 위해 카메라를 장착할 수 있게 한 장비—옮긴이)을 장착하여 위아래로 부드럽게 이동할 수 있게 했다.

24시간 내내 떠 있는 태양과 저인망 어선을 얼음 안으로 밀어붙여 닻을 내리려는 선장의 시도가 도움이 되지 않은 채 금새 2주가 흘렀다. 3주째로 접어들며 곰이 없는 하루를 더 보낸 뒤 마일스가 잠을 자려고 할 때 "비어 인 더 보우(Beer in the bow, 뱃머리에 맥주)"라고 외치는 소리가 들렸다. 그것은 카메라맨 테드 기퍼즈와 존 애치슨이 술 마시자고 그를 깨우는 소리가 아니라 노르웨이인 일등항해사가 베어(bear, 곰)가 나타났다고

알리는 소리였다. 곰이 방금 창문을 통해 요리사를 노려봤는데, 기회만 있으면 배로 올라올 태세였다는 것이다. 그들이 쾌속정을 내렸을 때도 수컷 곰은 전혀 개의치 않고 얼음에서 물범을 찾는 모습을 30분 동안 촬영할 수 있게 해주었다. 그리고 방금 수컷 곰이 가버린 새벽 3시에 그들은 보고 싶었던 광경을 봤다. 새끼들을 거느린 암컷 곰이 그들을 향해 결연한 모습으로 다가오고 있었던 것이다.

"시네플렉스의 희한한 점은 카메라맨이 조이스틱으로 조작을 하다 보니 빛을 피해 머리는 덮개에 집어넣는다는 것이다. 머리를 들면 앞이 안 보인다. 감독인 나 역시 머리를 덮개 안에 넣고 모니터로 곰을 보고 있었는데, 약간 흥분한 탓에 거리 감각을 완전히 상실했다. 암컷 곰이 우리를 향해 곧장 다가오자 나는 배를 조종하고 있던 제이슨에게 '곰을 잘 지켜보고 있는 거지?'라고 말한 게 기억나는데, 바로 그때 배가 갑자기 후진했다." 곰이 배 위로 올라오려던 참이었다. "그게 처음으로 곰에게 쫓긴 경험이었다." 마일스가 말한다. 어미 곰이 얼음 가장자리에서 서성거린 덕분에 그들은 멋진 장면을 찍을 수 있었다. 그러고는 가버리더니 새끼들에게 헤엄치는 법을 가르쳤다. "마술을 부리는 듯했고, 완전히 자기 하고 싶은 대로였다."

제프 윌슨이 경험한 만남은 약간 달랐다. 그는 2월 14일 태양의 첫 등장을 촬영하기 위해 스발바르에서 현장 조수 리사 스트룀과 함께 사냥꾼들의 오래된 오두막에서 야영하며 해빙을 바라보고 있었다. 그들은 곰이 다가오지 못하도록 장대 위 폭발물과 연결된 철망을 둘러쳤다. 이 시기의 곰들은 배가 매우 고파서 그 어떤 유기물, 심지어 스노모빌 좌석까지 먹어치울 수 있다. 폭풍이 치던 어느 날 밤, 제프는 쾅쾅거리는 소리에 잠이 깼다. 그는 바람이 그랬을 거라 넘겨짚었고, 리사는 벌써 일어나 소변을 보러 나가려던 참이었다. "하지만 뭔가 이상한 느낌이 들었다." 제프가 회상한다. "그때 창문에 엄청나게 큰 머리가 나타났다." 덫으로 놓은 철망이 작동하지 않았다는 사실에도 불구하고 이것 자체는 특별한 일이 아니었다. "사실 새벽 4시에 어둠 속에서 옷을 입고 곰을 놀래킬 섬광총을 장전해야 한다는 게 좀 지겨웠다." 그가 말한다. "우리가 문 위에서 무기를 내리려 하는데 그때 아무런 경고도 없이 문이 부서졌고 북극곰은 어느새 오두막 안에 들어와 있었다. 리사가 즉시 섬광을 터뜨렸는데, 가장 기억에 남는 게 어둠 속에서 번쩍이던 북극곰의 얼굴인 걸 보면 공포에 질려 꽤 많은 섬광을 터뜨렸던 것 같다." 곰은 천천히 어둠 속으로 사라졌고, 이후 그들은 문도 없는 곳에서 잠을 이루지 못한 채 수많은 밤을 보내야 했다.

마일스 바턴은 스발바르에서 다시 한 번 북극곰과 마주쳤다. 그러나 이번에는 섬 위의 안전한 오두막과 24시간 비추는 햇빛 아래서였다. 그는 곰은 물론 알을 부화시키는 솜털오리를 촬영하기 위해 존 애치슨과 함께 있었다. "우리는 오두막에서 겨우 10분 거리에 있는 산허리 아주 좋은 곳에 자리를 잡았다." 마일스가 말한다. "나는 그날 존을 잠복

처에 있게 하고, 능선에서 망을 보며 곰의 출현에 대비했다. 그러나 알이 처음 깨지고 새끼가 부화되기까지는 생각보다 꽤 오랜 시간이 걸렸다."

그날은 춥고 비참한 날이었다. 존이 벌써 16시간이나 잠복처에 있었기 때문에 그를 밖으로 나오게 해서 몸을 덥히고 뭘 좀 먹게 해야 했다. 마일스가 말한다. "내가 잠복처를 열었을 때 그는 뒤집어진 무당벌레처럼 쓰러져 있었고, 일어서려면 몸을 똑바로 펴야만 했다." 그들이 잠복처로 다시 돌아왔을 때 어찌할 수 없는 일이 일어났다. 새끼 오리들이 벌써 부화해서 해변을 걷고 있었던 것이다. 다른 둥지도 있었지만 부화를 앞둔 녀석은 하나도 없었다. 이는 존이 잠복처에서 며칠 더 있어야 한다는 것을 뜻했다. 그런데 그때 북극곰이 나타났다.

이미 그들은 곰이 근처 섬에서 흰뺨기러기 떼를 뒤쫓다 새끼 기러기를 '아이스크림 콘처럼' 먹는 것을 본 적이 있었다. 곰이 헤엄쳐 건너와서 "우리가 촬영하려 했던 솜털오리 둥지를 우적우적 씹어 먹으며 해변으로 올라오기 시작했다." 마일스가 회상한다. 그들은 곰이 알을 먹는 모습을 찍었다. 그것은 점점 더 많은 얼음이 녹고 곰이 육지에 고립되어 조류 군집을 파괴하면서 어떤 일이 일어날지를 보여주는 장면이었다. 계획을 잘 세운 어미도 있었다. 그 새는 제비갈매기 군집 한가운데, 그리고 오두막 옆을 택해 둥지를 지었는데, 그 덕분에 둥지를 지켜낼 수 있었다. 제비갈매기들은 곰을 포함하여 포식자들을 공중에서 공격하는 대단한 새들이기 때문이다. 그렇게 해서 그 어미새의 새끼들은 마지막 날 저녁에 촬영되어 스타가 되었다. 뒤뚱거리며 물로 가서 일몰 속으로 헤엄치며 멀어지는 모습이 귀여웠다.

왼쪽 위
존 애치슨이 17년 된 잠복 텐트에서 마지막으로 등장했을 때의 모습. 그가 솜털오리 알의 부화를 열심히 촬영하고 있을 때 북극곰은 그들을 잡아먹느라 정신이 없었다. 수컷 곰은 잠복 텐트를 발견하고는 일어서서 발을 꼭대기에 올리더니 짓눌러버렸다. 존이 그 안에 없었던 것은 정말 행운이었다.

위
마일스 바턴의 냄새를 맡아 기분이 좋지 않은 어미 곰. 이 곰에게는 보호해야 할 새끼가 두 마리 있었고, 곰 일가족의 장면을 염두에 둔 마일스는 머리를 덮개 밑에 넣은 채 스캐너로 어미를 보고 있었다. 우리는 커다란 교훈을 얻었다. 렌즈나 스캐너로 볼 때의 거리는 실제와 다를 수 있다!

물범잡이 범고래

"실패해도 걱정 마." 이 말은 촬영팀이 이번 시리즈에서 가장 비싼 도박이 될 항해를 시작하기 전에 책임 프로듀서 앨러스테어 포더길이 팀을 안심시키느라 한 말이었다. 그 항해는 범고래가 물범을 파도로 얼음에서 떨어뜨리는 장면을 촬영하기 위한 것이었다. 사실 전설적인 제롬 퐁세 선장의 골든플리스 호를 타고 가는 이 8주간의 탐험은, 촬영은 고사하고 목격된 적도 거의 없는 장면을 필름에 담아오는 것이 목적이었다.

범고래가 물범을 물로 휩쓸어 떨어뜨린다는 사실은 수년간 간헐적으로 보고된 바 있으며, 한 관광객이 범고래들이 물범 한 마리를 얼음에서 물로 떨어뜨리는 장면을 흔들리는 비디오에 담은 적이 있었다. 하지만 과연 그게 한 번만 일어났던 일이었을까, 아니면 정기적으로 일어난 행동이었을까? 2년 전 BBC 팀이 물범 사냥에 나선 고래들을 촬영하려 했지만 얼음에서 그들을 따라잡는 데는 실패했다. 그러나 이번에 프로듀서 캐스린 제프스는 전문가들—베테랑 극지 카메라맨 더그 앨런과 더그 앤더슨, 그리고 미국국립해양대기청(National Oceanic and Atmospheric Administration, NOAA)의 고래 생물학자 밥 피트먼과 존 더반—의 눈, 고래 추적 위성 표식, 1월(여름)의 이른 출발에 의지하여 범고래

아래

고래를 찾는 사람들. 왼쪽부터 카메라맨 더그 앨런. 고래 생물학자 밥 피트먼과 존 더반. 첫째 주에는 운이 없었다. 이들은 할 수 없이 골든플리스 호를 훨씬 더 남쪽으로 끌고 가서 범고래들이 물범을 사냥할지도 모르는 총빙 속으로 들어가야 했다.

의 출현을 주시하기로 했다.

첫 번째 장애물은 거친 드레이크 해협을 건너는 것이 아니라 기술로 드러났다. 시네플렉스 카메라와 관련 컴퓨터 기술이 배에서 사용된 적은 없었다. 흔들리지 않는 촬영화면을 확보할 가능성이 있을지 없을지 확실치 않았다. 따라서 첫 번째 시도에서 시스템 작동이 중단되자 그들은 걱정에 휩싸였다. 그리고 범고래, 구체적으로는 물고기나 다른 고래가 아니라 물범을 사냥하는 범고래를 찾아내는 것도 문제였다.

사우스셰틀랜드 섬을 지나 남쪽으로 항해하면서 그들은 오래 걸리지 않아 첫 번째 범고래 떼를 찾아냈다. 이번에는 시네플렉스도 작동하고 고래들도 장난스럽게 놀고 있었지만 물범과 얼음은 거의 없었고 사냥도 일어나지 않았다. 따라서 이제는 악명 높은 작은 수로(Gullet) 해협—빙산이 가로막고 있는 애들레이드 섬과 남극반도 본토 사이의 해협이자 남쪽으로 가는 지름길—을 향해 남쪽으로 가는 수밖에 없었다.

1월 즈음이면 얼음은 배가 지나가기에 충분할 정도로 깨져 있어야 했지만 그렇지 않

수중 장면. 팀이 똥보라고 부른 거대한 수컷 고래가 조디악 보트를 살피는 동안 더그 앤더슨은 막대기에 장착한 카메라로 수중에서 그 수컷을 촬영했다. 캐스린이 감독을 했는데, 수건으로 모니터에 빛이 들어가지 않게 함으로써 무엇이 촬영되고 있는지 볼 수 있었다.

사냥 추적. 골든플리스 호가 마거리트 만과 얼음 조각 사이로 들어갔을 때 빛은 안 좋았지만 물범과 범고래는 아주 많았다. 그리고 촬영이 시작되었을 때 뱃머리에 장착한 시네플렉스 카메라로 충분히 안정된 숏을 찍을 수 있었다.

았다. 거대한 얼음덩어리 사이를 비집고 가보려 했지만 성공하지 못하자 제롬은 뒤로 빠져나가 섬 바깥을 둘러 가기로 했다. 위험한 결정이었다. 잘못하면 피난처가 없는 거친 항로가 될 가능성이 있었고, 평범한 선장이 용기를 내어 평범하고 작은 요트로 도전할 만한 뱃길보다 훨씬 더 남쪽까지 가는 항로였다.

그들은 운이 좋았다. 좋은 날씨가 계속되었다. 마거리트 만에 들어서자 흥분은 커져갔다. 그곳의 느낌은 완전히 달랐다. 물범들의 완벽한 휴식처가 되어줄 테니스장 크기만 한 얼음이 그들을 둘러쌌고 저 멀리에 범고래들이 있었다. "과학자들은 고래에 표식을 할 기회를 얻었고 우리들에게는 설사 우리가 찾던 행동이 아니더라도 뭔가 촬영할 기회가 주어졌다." 캐스린이 말한다. 더그 앤더슨은 총빙의 범고래들이 "전에 봤던 것과 달리 매우 크고 확신에 차 있었다"고 묘사한다. "그들은 또 호기심이 많았고 배를 두려워하지 않았으며, 전문 사수 존(3,000달러짜리 위성 표식이므로 그래야만 했다)은 10마리로 이루어진 무리 중 한 마리에 금방 표식을 부착했다."

다음 날 아침 그들은 범고래 떼를 뒤쫓았다. 범고래 떼의 행동이 많이 달라져 있었다. 범고래들은 총빙 주위에서 의도적으로 움직이고 있었으며, 주위를 살피기 위해 물 밖에 수직으로 나오는 스파이호핑 자세를 취하고 있었다. 그러나 빛이 약해서 시네플렉스 촬영은 시도하지 않았다. "나는 조타실에서 렌즈를 닦고 있었는데 그때 '파도다, 파도' 하는 외침이 들려왔다." 캐스린이 말한다. "내려다보니 바다에 유리 같기도 한 움푹하고 희한한 무언가가 있었다. 그러더니 큰 파도가 얼음을 강타하여 물범이 바다로 내던져졌다. 배에서는 흥분의 함성이 터져 나왔다. 모두들 난리였다. 그토록 찾아 헤매던 것이 우리 앞에 갑자기 나타난 것이다. 이윽고 외침 소리는 더 커졌다. '배를 움직여, 지금, 지금.' 또 다른 큰 파도가 얼음 뗏목을 부서뜨렸고, 고래들은 또다시 대열을 이루어 돌진하면서 얼음 뗏목을 다른 얼음으로부터 멀리 밀어냈다. 다섯 번째 파도가 밀려가자 물범이 떨어졌다. 그리고 우리는 그 장면을 촬영했다."

더그 앤더슨은 회고한다. "그 여행에서 우리는 이미 사람들을 깜짝 놀라게 할 장면을 확보했다. 하지만 상황은 더욱 좋아졌다." 범고래 떼는 사냥을 계속했고, 촬영팀도 조디악 보트에서 촬영할 수 있었다.

그 다음 2주 동안 촬영팀은 모두가 생각했던 것과는 달리, 범고래들이 게잡이물범을 먹지 않는다는 사실을 알아냈다. 범고래들은 스파이호핑 자세를 취하며 어떤 종류의 물범인지 살펴보았고, 그게 웨들물범인 경우에만 공격을 했다. 또한 파도로 공격할 때는 각기 다른 파도를 이용했다. "첫 번째 파도는 얼음 뗏목을 부서뜨리기 위한 것"이라고 캐스린은 설명한다. "고래들은 뗏목 밑에서 하나가 되어 공격한다. 그 다음 파도는 얼음을 산산조각내서 물범이 조각얼음 위에 남아 있게 만든다. 고래들은 다시 대열을 이루는데, 이

줄서기. 범고래 떼가 웨들물범을 부빙에서 떨어뜨릴 파도를 만들어내기 전 마지막으로 물범을 보기 위해 줄지어 늘어
섰다. 어린 새끼와 커다란 수컷을 포함하여 일가족이 모두 공격에 가담했다.

마지막 숨. 서너 차례 파도에 씻겨 물에 빠져 지쳐버린 웨들물범이 얼음 위로 다시 올라왔지만 뒤쪽 지느러미는 얼음
가장자리에 걸쳐 있다. 물속으로 끌려들어가 빠지려 하고 있다.

번에는 파도가 얼음 위로 떨어지게 하여 물범을 휩쓸어 떨어뜨리며, 이때는 보통 바로 밑에서 고래 한 마리가 기다리고 있다.”

그들은 다른 고래 떼들과 그들의 전략도 알게 되었다. 무리 전체가 다 참여하여 파도를 만들어낸다. “일단 물에 빠지면 물범은 최대 30분까지는 반격을 가하지만 범고래들은 위험을 감수하지 않았다.” 더그 앤더슨이 말한다. 폴캠을 든 그는 물속에서 물범이 꼬리를 집어넣고 범고래들에게 대항하려 하는 모습을 찍을 수 있었다. 결국 고래들은 반원 형태로 모여 물범을 똑바로 바라보았다. “숨을 몰아쉬는 물범의 눈에는 지친 티가 가득했다.” 그때 범고래들은 하나가 되어 올라갔다가 뒤로 빠짐으로써 물이 빨려들어가게 하여 물범을 거꾸러뜨려 잡아챘다.

그러다가 혹등고래 사건이 일어났다. 혹등고래들은 서너 차례 사냥을 중단시켰다. 그들은 큰 소리를 내고 몸부림을 쳐서 범고래들이 물범에 다가가지 못하게 했다. “우리는 처음에 이게 명금류가 떼를 지어 맹금류를 공격하는 것과 같은 것이려니 생각했다.” 밥이 말한다. “그러나 일주일 뒤 우리는 그 행동이 뭔가 다른 것을 암시하고 있음을 목격했다.” 탈출하는 물범이 중간에 끼어든 혹등고래들 중 한 마리에게 다가가자 이 커다란 고래는 몸을 뒤집어 물범이 그 가슴 위로, 그리고 지느러미 사이로 지나갈 수 있게 해주었다. “범고래들이 접근하자 혹등고래는 가슴을 둥글게 굽혀 물범을 물 밖으로 들어올렸고,” 물범이 쓸려 내려갈 뻔하자 “지느러미로 물범을 부드럽게 밀어 다시 가슴 한가운데로 올렸다. 우리가 이렇게 특별한 행동을, 촬영은 고사하고 처음으로 목격하게 되리라고는 그 누구도 짐작하지 못했다”고 캐스린은 말한다.

밍크고래잡이 범고래

"마치 늑대 사냥 같았다"라고 엘리자베스 화이트는 말한다. 화이트는 골든플리스 호를 타고 밥, 존과 함께 이번에는 고래잡이 범고래들을 촬영하는 또 다른 여행을 이끌었다. "사냥 장면을 포착한 날 우리는 가장 커다란 A형 범고래들이 30여 마리 모여 있는 대규모 무리와 같이 있었는데, 범고래들은 모두 느긋했고 서로서로 어울리고 있었다." 엘리자베스가 말한다. "범고래들이 갑자기 조용해지더니 해협에 쫙 퍼졌다. 그러자 물에서 거대한 밍크고래가 우리를 향해 쑥 튀어나왔고 범고래 떼가 그 뒤를 바짝 쫓았다." 크기나 체력은 밍크고래가 더 좋았지만 범고래들은 수적으로 우세했다.

"커다란 범고래 한 마리가 밍크고래의 한쪽 옆으로 와서 밍크고래가 얼음 조각 사이로 도망가지 못하게 했고, 이어서 공격할 팀이 바짝 뒤에서 헤엄쳤다.

밍크고래가 달아났다. 범고래들이 뒤쫓았고, 우리는 그들을 따라잡으려고 있는 힘껏 속도를 냈다. 두 시간 이상, 그리고 40킬로미터를 간 뒤 마침내 밍크고래가 지치기 시작했고, 범고래들이 밍크고래를 둘러쌌다. 밍크고래가 고개를 들 때마다 범고래들은 밀어넣으려 했다. 최후의 일격을 가한 것은 가장 큰 암컷이었다. 이 암컷이 자신의 육중한 체중을 실어 누르자 밍크고래는 수면 아래로 가라앉았다."

"한 팀으로 작업하며 우리는 턱끈펭귄과 젠투펭귄을 잡아먹는 고래 떼도 만났다." 엘리자베스가 말한다. "고래 떼는 둥글게 원형을 이루어 펭귄을 몰았다. 그런 다음 마치 한 마리가 가슴살을 먹는 동안 다른 하나는 머리를 잡고 있는 것처럼 보였다. 우리는 수면에 둥둥 뜬 다리와 지느러미 날개 등 작은 사체에 둘러싸였다. 과학자들도 본 적 없는 행동이었다."

밥과 존은 각기 다른 범고래 사회를 촬영했는데, 그런 사회는 유전적으로도 다르고 생긴 것도 다를 뿐만 아니라 행동양식이나 좋아하는 먹이도 달랐다. 밍크고래잡이들(A형. 125쪽 참조)은 고전적인 흑백의 모습을 하고 있었고, 물범잡이들(B형)—펭귄도 잡는다—은 두 가지 색조의 회색과 흰색을 띠고 있었으며, 머리 뒤 어깨 쪽의 색이 좀 더 짙었다. C형(122쪽, 268쪽 참조)도 머리 뒤 어깨 쪽의 색이 두드러지지만 좀 더 작으며, 눈 주위에 비스듬한 무늬를 가지고 있었다. 이들은 이빨고기류를 먹는데, 주로 동남극대륙 앞바다의 총빙에 산다.

그날의 잔재. 고래 생물학자 밥 피트먼이 범고래가 벗긴 턱끈펭귄의 머리를 보여주고 있다. 다른 많은 펭귄들의 잔해가 사방에 떠다녔다. 물개는 항상 가슴근육만 먹었다.

물범 구하기. 돌아누운 혹등고래가 지느러미를 써서 공포에 질린 웨들물범을 자신의 가슴(뒤쪽의 지느러미 앞에 보이는 것이 고래의 '겨드랑이'에 있는 물범 머리다) 위로 슬쩍 밀어올려 범고래 떼가 물범을 잡지 못하게 하고 있다. 모성본능이 작동했던 것일까? 한 가지는 확실했다. 혹등고래는 그 사냥을 성공적으로 막았다.

멋진 늑대 사냥

우드버펄로 국립공원은 어머어마하게 크다. 이곳은 캐나다에서 가장 큰 국립공원이다. 겨울 기온이 −41℃로 내려가는 이곳은 북극권 촬영지에서 가장 추운 곳이기도 했다. 감독 체이든 헌터의 말에 따르면 "이번 시리즈에서 육체적으로 가장 힘들었던 곳"이라고 한다. "손가락과 발의 고통은 극심했고, 두 눈은 얼어붙어 감겼고, 콧물은 초강력 접착제로 변해버렸다. 팀의 안전과 관련된 결정을 내리는 일은 악몽이 되어버렸다."

목표는 늑대 무리가 들소를 쓰러뜨리는 겨울 프로그램 연속장면을 찍는 것이었다. 들소의 힘이 떨어지고 두껍게 쌓인 눈 아래서 죽은 풀을 먹어야 하는 겨울이 오면 늑대 무리가 들소 사냥에 성공할 가능성도 높아진다. 이 늑대들은 전 세계에서 가장 크고 강력하기도 하다. 그들의 체력, 힘, 전략은 수십만 년 동안 들소를 사냥하는 과정에서 연마되었고, 무리의 규모가 특별히 크다는 것은 특화가 매우 성공적인 전략이었다는 사실을 증명한다. 그들은 또한 그들을 뒤쫓는 인간과 달리 극한의 상황에 익숙하다.

체이든과 캐나다인 영화 제작자이자 늑대 전문가인 제프 터너는 매일 아침 공원 위를 비행하면서 늑대들을 찾아다녔다. 늑대 무리를 발견하면 그 지점을 참고용으로 사진을 찍은 뒤 기지로 돌아와 그 지역 토박이 안내자와 함께 스노모빌을 타고 다시 그 지점으로 갔다. 때로는 가는 데 두 시간이나 걸리기도 했다. 그러나 늑대들은 쫓기고 있었으며 극도로 예민했다. 그래서 촬영팀은 1킬로미터 가량 떨어진 곳에서 내려 스키나 설피를 신고 깊은 가루눈을 밟으며 무거운 장비를 운반하면서 바람이 부는 방향으로 그들을 추적해야만 했다. "늑대들이 우리를 눈치 챈다면 다음 5일 동안은 그들을 볼 수 없을 것이다. 목격하는 것만도 죽을 만치 힘든 상황에서 그런 일이 일어난다면 기가 막힐 것 같았다"고 체이든은 말한다.

얼어붙을 듯한 추위 속에서 기진맥진한 채로 3주를 보낸 끝에 그들은 흔들리는 사진을 겨우 몇 장 확보했다. 시간과 돈이 바닥나고 있었다. 마지막 희망은 남은 예산을 다 털어 할리우드 카메라맨 마이클 켈럼이 조작하는 시네플렉스를 과감히 불러들이는 일이었다.

체이든은 시네플렉스 촬영을 "신이 바라본 자연 경험"이라고 부른다. 이제 그들은 늑대를 방해하지 않고 그 움직임을 높은 곳에서 볼 수 있었고, 늑대가 들소로부터 얼마나 멀리 떨어져 있는지 볼 수 있었으며, 늑대가 어디로 갈지 예측할 수 있었다. 첫 비행에서 그들은 수컷과 암컷, 그들의 새끼가 꼬리를 치켜들고 마라톤 속도로 달리고 있는 모습을 포착했다. 늑대는 들소 떼의 흔적을 찾아냈고, 그것을 철길 트랙처럼 이용 들소 떼가 지나간 자리를 따라가는 것만이 두껍게 쌓인 눈 속에서 들소를 쫓는 유일한 방법이었다. "프레임의 한쪽 끝에는 점 같은 늑대들이 있고 다른 쪽에는 아주 작은 들소가 있는" 첫 번째 숏을 확보하고 나자 극도의 흥분이 밀려왔다. 그러나 그것은 시작에 불과했다.

정면으로 맞붙으면 들소가 늑대를 죽일 가능성이 크므로 늑대들은 들소가 우르르 몰려가게 한 다음 뒤에서 공격하는 전략을 택했다. 늑대 무리는 한 번에 며칠씩 들소 떼를 시험해보기도 하는데, 들소가 침착함을 유지하는 한 결론은 나지 않는다. 그러나 이번 경우에는 들소가 뛰기 시작했다. 전속력으로 달리는 동물들과 평행을 유지하던 조종사가 헬리콥터 앞부분을 산들바람 속으로 돌려 안정을 취했다. 그러나 그것은 뒤로 날아가는 것을 의미했다. "이제 그는 늑대들을 볼 수 없었다"고 체이든은 말한다. "그래서 내가 굉음 속에서 소리를 질러 지시해야 했다. '짐, 짐, 가만히 있어요. 마이클, 왼쪽으로 팬.' 나는 모니터에서 무슨 일이 벌어지고 있는지 볼 수 있었지만 카메라에 눈을 대고 있는 마이클은 들소들이 얼마나 앞서 있는지 볼 수 없었으므로 언제 줌인해야 될지를 내가 말해주었다."

일단 늑대들이 한 살배기 들소 한 마리를 골라내자 늑대 수컷은 그 들소의 관심을 빼앗으며 투우사처럼 행동했고 암컷은 피 보는 일을 담당했다. "마침내 늑대들이 이빨을 찔러 넣었을 때 제프는 그게 끝이라는 것을 알았다." 체이든이 말한다. "그들은 죽을 때까지 포기하지 않았다. 그러나 나는 그것을 깨닫지 못했다. 그래서 제프가 내려가서 땅에서 촬영할 수 있게 해달라고 했을 때 착륙을 하여 그들을 방해하기가 꺼려졌다." 그러나 싸움꾼들이 서로에게 너무 집중하고 있었기 때문에 제프는 내려가서 최종 결투를 눈높이에서 찍을 수 있었다. 나중에 편집실에서 그 화면은 아주 중요한 결과를 안겨주었다. 체이든에게 그것은 그가 "야생에서 본 가장 특별한 행동"이었다(185쪽 참조). "들소가 암컷 늑대를 등 뒤로 내동댕이치고 그 위로 뛰어올랐다. 너무도 엄청난 일격이라 나는 들소가 암컷 늑대를 죽일 거라 확신했다. 그러나 암컷은 피범벅이 된 채 비틀거리면서 일어났고 둘 모두 숨을 헐떡거리며 서 있었다." 드디어 해가 지고 헬리콥터 연료가 떨어질 즈음 들소가 주저앉았다. 끝이 난 것이다. 늑대는 조금 더 가다가 쓰러졌다. "할리우드도 이보다 더 멋진 대본을 쓰지는 못할 것"이라고 체이든은 말한다.

그러나 촬영팀의 행운은 거기서 끝나지 않았다. 마지막 날 그들은 프로그램 1편의 하이라이트가 될 서사적인 연속장면을 촬영했다. 이번에는 25마리로 이루어진 늑대 무리였다. 늑대의 추격을 뒤쫓던 촬영팀은 서너 마리의 늑대들이 계속해서 달리는 들소에 들러붙어 떨어지지 않는 장면을 찍었고, 동일한 숏에서 거구의 들소 수컷이 늑대들의 벽만 보고 뒤에서 들이받았다가 공격받던 동족의 어린 들소를 잘못 넘어뜨려 그의 운명에 확실하게 종지부를 찍는 장면도 찍었다. 액션, 드라마, 컷.

길 떠나기. 우드버펄로 공원의 대규모 늑대 무리 중 일부가 사냥에 나서고 있다. 우두머리 수컷과 암컷은 두껍게 쌓인 눈 위에 길을 만드는 힘든 일을 해낸다. 겨울철에도 공원에는 이렇게 많은 수의 늑대들이 먹을 수 있는 들소가 충분하다. 그러나 늑대들이 사냥하는 모습을 촬영하기 위해서 촬영팀은 최소한 한낮에 무슨 일이 벌어지고 있는지 볼 수 있을 정도의 빛이 드는 2월까지 기다려야만 했다.

시간과 공간, 눈과 얼음

보통의 상황에서는 눈으로 볼 수 없는 것을 보여주는 것이 〈프로즌 플래닛〉의 목표 중 하나였다. 그러려면 시간을 조종해야 했다. 저속 촬영은 지속적으로 촬영을 하면서도 각 프레임 사이에 간격을 두는 기법으로, 많은 시간을 단 몇 초 안에 축약시킬 수 있다. 이 촬영기술은 다른 방법으로는 우리가 알아챌 수 없는 것들을 보게 해준다. 그러나 어둠과 날씨의 변화로 방해를 받는 좀 더 긴 기간을 찍을 때는 '시간연구(time-study)' 숏이 더 효과적이다. 〈프로즌 플래닛〉은 바로 이 방식으로 계절을 압축했다.

예전 방식은 막대기를 땅에 꽂아 카메라 판을 부착하고, 정지 숏을 찍은 다음 일주일이나 한 달 뒤에 정확하게 같은 지점으로 다시 돌아와 또 다른 숏을 찍는 것이었다. 그러나 〈프로즌 플래닛〉 팀은 움직이는 숏을 찍고 싶었다. 풍경을 더 보여주고 항공촬영분과 함께 편집하기 위해서였다. 추위에 강하고 모션컨트롤(motion-control)이 되는 장비가 고안되면서 카메라를 움직여 좌표를 저장함으로써 촬영팀은 다른 계절에 돌아와서도 정확하게 동일한 움직임을 재생시킬 수 있었다. "이것은 계절이 지나면서 풍경이 어떻게 변하는지를 보여주는 최고의 방법"이라고 프로듀서 마크 린필드는 말한다. "우리가 볼 수 있는 한계 밖의 무언가를 보여준다." 그것은 또한 북극지방이 어마어마하게 녹아내리는 것을 보여주는 방법이기도 했다.

아래

해빙(解氷). 이곳은 녹아내리는 장면을 보여줄 모션컨트롤 촬영에 이용된 헤이 강 지류 위의 얼어붙은 폭포 지점이다. 해빙기 전체에 걸쳐 서로 다른 간격을 두고 동일한 지점에서 찍은 숏을 매끄럽게 연결하여, 얼음이 깨지고 강의 힘이 터져 나오면 어떤 일이 벌어지는지를 보여주는 2분짜리 연속장면을 만들었다.

북극의 얼음이 녹을 때 북빙양으로 빠져나가는 대부분의 물은 여섯 개의 거대한 강으로부터 오는데, 그중 다섯은 러시아에서, 하나는 캐나다 매켄지 강에서 온다. 물과 함께 엄청난 양의 침전물도 오는데, 이런 침전물은 바다를 비옥하게 하고 생명을 폭증시킨다. 그 규모가 매우 커서(매켄지 강은 바다처럼 보인다) 마크는 배경이 될 지역을 선택했다. 그곳은 지류에 있는 얼어붙은 폭포였다. 이곳에서 카메라맨 워릭 슬로스는 시간연구 촬영 기술을 이용하여 얼음이 깨지면서 강이 다시 흐르기 시작하는 변화를 화면에 담았다.

모션컨트롤

북극나방 애벌레의 기나긴 일생을 저속 촬영할 때도 매우 극단적인 촬영법이 활용되었다. 이 생물은 나방으로 사는 기간은 단 며칠뿐이지만 14년이라는 시간을 대부분 얼어붙은 고체 상태의 애벌레로 산다. 그들이 먹을 수 있는 잎은 겨우 몇 주 동안만 존재한다. 그 다음이 되면 애벌레는 그냥 모든 것을 멈추고 얼었다가 다음 봄에 녹아서 먹기를 계속한다. 나방으로 변할 만큼 클 때까지 애벌레는 이런 식으로 몇 년을 보낸다. 애벌레가 얼고, 녹고, 그러고는 떠나가버리는 이 놀라운 모습을 한 숏에 보여주기 위해 저속 촬영법이 이용되었다. 트릭을 써서 편집한 것이 아니었다. 그냥 놀라운 행동 그 자체였다. 그러

나 동결 작용을 촬영하는 데에는 저속 촬영은 물론 학습곡선이 필요했다. 카메라맨 팀 셰퍼드는 케임브리지 대학교에서 사람이 서서 들어갈 수 있는 대형 냉장고와 습도 조절을 위한 비닐 텐트를 사용하여 서리, 그리고 마침내는 얼음 결정을 만드는 법까지 배워 모션 컨트롤 장비로 그것이 커지는 것을 추적했다.

그러나 눈송이가 생성되는 모습을 촬영하기 위해서는 캘리포니아의 켄 리브레히트의 전문지식과 그가 특별히 고안한 눈송이 현미경 사진기가 필요했다. 그 결과 그들은 기막힌 예술작품(162쪽 참조)을 얻어냈다. 하지만 얼음 결정체를 만들어내는 가장 완벽한 실험실은 자연이라는 것이 드러났다.

얼음 결정 동굴

남극대륙의 에러버스 산은 작은 빙상에 덮인 화산으로, 기체가 스며 나오면서 만들어낸 동굴들이 그 얼음 아래에 미로처럼 자리하고 있다. 감독 체이든 헌터와 카메라맨 개빈 서스턴이 기록된 적 없는 이 동굴들을 촬영하던 해에 과학자들도 처음으로 이곳을 탐험했다. 따라서 지도도 없었고, 동굴 공동이 언제 녹아내려 무너질지도 알 수 없었다.

"모든 공동이 바로 전에 본 것보다 더 멋졌다"고 체이든은 말한다. "온갖 모양과 형태의 수정으로 가득 차" 있었는데, 이 모든 것이 공기 흐름과 습도가 바꿔놓은 H_2O일 뿐이었다. 반짝거리는 아름다움을 촬영해내기 위해서는 빛과 움직임이 필요했다. 방법은 '철길' 트랙과 카메라를 올려놓을 돌리(이동촬영용 수레—옮긴이)를 끌어당겨 카메라가 수정체 주변을 미끄러지듯 움직이면서 다이몬드의 반짝임을 잡아낼 수 있게 하는 것뿐이었다. 그 과정에서 사고가 일어나 현장이 아수라장이 되었다. "우리는 동굴의 공동으로 들어가면서 지구에서 가장 아름다운 곳이라고 감탄했는데, 그러다가 잘못된 방향으로 딱 한 번 숨을 쉬기라고 하면 얼음 샹들리에가 바닥으로 떨어졌다." 체이든이 말한다. "다행히도 그 얼음 작품은 몇 년이 아니라 단 며칠이면 다시 만들어진다고 했다."

그러나 대가는 치러야 했다. 체이든과 개빈은 정상적인 생활을 할 수 없을 만큼 두통에 시달렸는데, 처음에는 열네 시간씩 일하느라 몸이 많이 지친 탓이라 생각했다. 하지만 누구도 그 위험을 경고하지 않았던 유독한 화산 기체 때문인 것으로 밝혀졌다.

녹아내리는 지구

"기후 변화는 이론이 아니다. 양쪽 극지에서, 그것도 아주 엄청난 규모로 일어나고 있다." 프로듀서 댄 리스가 말한다. 그들이 도전해야 할 과제는 그것을 보여줄 수 있는 방법을 찾는 것이었다. 2009년 남극반도 위에 떠 있는 자메이카만 한 크기의 담수 얼음판인 윌킨스 빙붕이 붕괴되기 시작했다. 그러나 위성 사진으로는 "그게 실제로 어떤 모습인지 보여줄 수 없었다. 그저 부서진 얼음의 뒤범벅처럼 보일 수도 있었다." 그래서 촬영팀은 어렵지만 성공을 기원하며 촬영 길에 올랐다.

그들은 영국남극조사국의 앤디 스미스 박사를 대동하고 갔다. 그 광경에 대한 그의 첫인상을 알고 싶어서였다. 영국남극조사국은 소형 비행기 트윈오터 두 대도 제공했다. "그들은 남극지방에서 무슨 일이 일어나고 있는지 세계에 알리고 싶어 했다." 댄이 말한다. "우리가 마지막 능선을 넘어 날아가자 갑자기 우리 앞에, 위가 편평한 커다란 빙산들로 이루어진 거대하고 광활한 지역이 나타났다. 어떤 빙산은 길이가 최소 1킬로미터는 되었으며, 눈으로 볼 수 있는 곳 어디에나 수많은 빙산들이 있었다." 빙상이 떨어져나가고 있었다. 앤디는 깜짝 놀랐다.

"우리는 빙산 위에 착륙하여 앤디와 카메라 촬영을 했다. 촬영을 마치려고 하는데 주조종사가 다가와 얼마나 더 있을 건지 물었다. 나는 그저 그가 차를 마시러 돌아가고 싶

은가 보다고 생각했다. 그러자 그는 비행기 활주부를 가리키며 덧붙였다. '작은 틈이 벌어지려고 합니다.' 그래서 우리는 재빨리 짐을 쌌다. 돌아오는 비행길에 테드는 규모감을 주기 위해 다른 비행기를 촬영했다. 작디작은 비행기가 빙산의 바다 위에서 대조를 이루었다."

남극의 빙붕은 빙하가 바다로 흘러나와 큰 덩어리로 합쳐져 형성되는데, 이것이 코르크 마개처럼 작용하여 뒤의 빙하나 빙상의 흐름을 늦춘다. 그러나 그것이 떠 있는 물이나 그 위의 공기가 따뜻하면 빙붕은 얇아져서 갈라질 것이고, 훨씬 더 많은 얼음이 바다

빙하 모험. 스토레 빙하 가까이에서 촬영할 때 주요한 빙하 분리가 일어난다면 같이 씻겨 내려갈 위험이 있었다. 그래서 카메라맨 마테오 윌리스와 연구원 애덤 스콧은 카메라를 움켜쥐고 달아날 준비를 완벽하게 하고 있어야 했다.

로 방출될 것이다. "따뜻해진 물이 밑으로 스며들면서 서남극 파인아일랜드 빙붕이 얇아지고 있다는 증거가 있다." 댄이 말한다. 이 빙붕은 윌킨스 빙붕보다 훨씬 더 많은 양의 얼음을 막아내고 있다. 이 빙붕이 붕괴되면 얼음의 바다 유입과 해수면 상승효과가 남극 대륙으로부터 먼 곳에서도 느껴질 것이다.

붕괴

연구원 애덤 스콧은 카메라맨 마테오 윌리스와 함께 그린란드로 갔다. 그린란드 빙붕이 바다와 접촉하는 곳을 촬영하기 위해서였는데, 바로 이곳에서 거대한 빙산들이 분리되어 나온다.

"우리는 따뜻한 겨울이 큰 빙하의 움직임에 영향을 미친다는 것을 아는 상태에서 스토레 빙하에 도달했다. 그리고 착륙하자마자 그 소리를 들었다. 스토레 빙하가 앞으로 미끄러지면서 갈라지는 소리와 함께 쿵 소리가 났다. 그들은 빙하가 내려다보이는 산비탈에 카메라를 설치하고 커다란 빙설에 초점을 맞춘 뒤 그것이 떨어져 나가길 기다렸다. 사흘 뒤 바다 안개가 밀려들었다. 그들이 할 수 있는 일이라곤 점점 커지는 그 소리를 듣는 것뿐이었다.

다음 날 오후 1시, 안개가 걷히고 해가 나왔다. 그리고 그 일이 일어났다. '빙하 꼭대기에서 물보라가 나오고 있었다. 마치 누군가가 다이너마이트를 터뜨린 것 같았다. 희한한 것은 몇 킬로미터 떨어진 곳에서 우리가 그 현상을 눈으로 보고 나서 몇 초 뒤에야 소리가 들렸다는 것이다……. 폭이 1킬로미터인 빙하의 중간 부분 전체가 부서져 뒤로 굴러 떨어졌다. 숨이 있던 비닥의 3분의 2가 물에서 솟아나오며 바다를 함께 밀어올렸다. 그러자 또 다른 거대한 조각이 떨어져 나갔고, 그리고 또 다른 조각이……. 20분간 숨을 죽인 채 나는 그동안 본 것 중 가장 놀라운 장면을 촬영했다."

대유출

"빙하구혈이 열리면 마개를 뺀 것처럼 된다." 버네서가 말한다. "거대한 지진처럼 그 일이 일어나는 소리가 들린다. 그러고는 호수가 사라져버린다." 이것이 바로 여름에 기록적으로 녹아내리고 있었던 그린란드 빙상의 일부분, 러셀 빙하의 꼭대기에서 일어난 장면이었다. 촬영팀은, 과학자들이 녹은 물이 빙상에 어떤 영향을 주는지—기후가 따뜻해지면 무슨 일이 일어날지 이해하는 열쇠—감시 추적하는 모습을 찍으러 그곳에 있었다. "강이 거대하고 푸른 해빙호에서 물을 다 빼내 거대한 협곡과 삼각주가 형성될 것"이라고 버네서는 말한다.

빙하구혈(기본적으로, 빙상 바닥까지 곧장 내려가는 관) 아래로 쏟아지는 물은 빙하가

바다로 향해 미끄러져갈 때 윤활제 역할을 한다. "헬리콥터에서도 물이 빙하구혈 아래로 엄청난 소리를 내며 떨어지는 소음에 귀가 멀 정도"라고 버네서는 회상한다. "마치 지구의 핵으로 곧장 떨어지는 것 같다. 그 검은 심연을 바라보며 나는 헬리콥터에서 처음으로 현기증을 느꼈다. 우리는 그 구멍 위를 맴돌다가 뒤를 보기 위해 시네플렉스를 돌렸다. 네 번을 그렇게 하고 한 번 더 돌리려고 하는데 조종사가 연료 게이지를, 그리고 그 다음엔 심연을 가리켰다. 멈출 시간이었다." 그들은 과학자 앨런 허버드가 심연으로 내려가 빙상의 심장부에 기기를 떨어뜨리고 무슨 일이 일어나고 있는지 감시 추적하는 모습도 촬영했다. 카메라우먼 저스틴 에번스는 빠드득거리고 삐걱거리는 얼음 터널에서 로프에 매달려 허버드를 촬영했다. 에번스는 급류가 거품을 내며 빙하구혈 아래로 질주할 때 협곡의 가장자리에서도 그 모습을 촬영했다. 사흘 뒤 에번스가 촬영을 위해 서 있던 얼음 해변은 사라지고 없었다.

그린란드의 푸른 물. 녹은 물이 만들어낸 호수는 경사진 빙상의 돔 아래 강의 삼각주로 빠르게 빨려들어간다. 언젠가 이 호수는 거대한 배수구처럼 가운데 갑자기 나타날지도 모르는 빙하구혈 아래로 사라져버릴 수도 있다.

용감한 저스틴. 폭포를 촬영하는 최고의 방법은 빙하 바닥까지 거의 1킬로미터나 가파르게 내려가는 얼음의 수직통로 안으로 자일을 타고 내려가는 것이었다. 천둥 같은 물소리와 얼음이 삐걱거리는 소리가 귀를 멀게 할 정도여서 의사소통은 수화로 해야 했다.

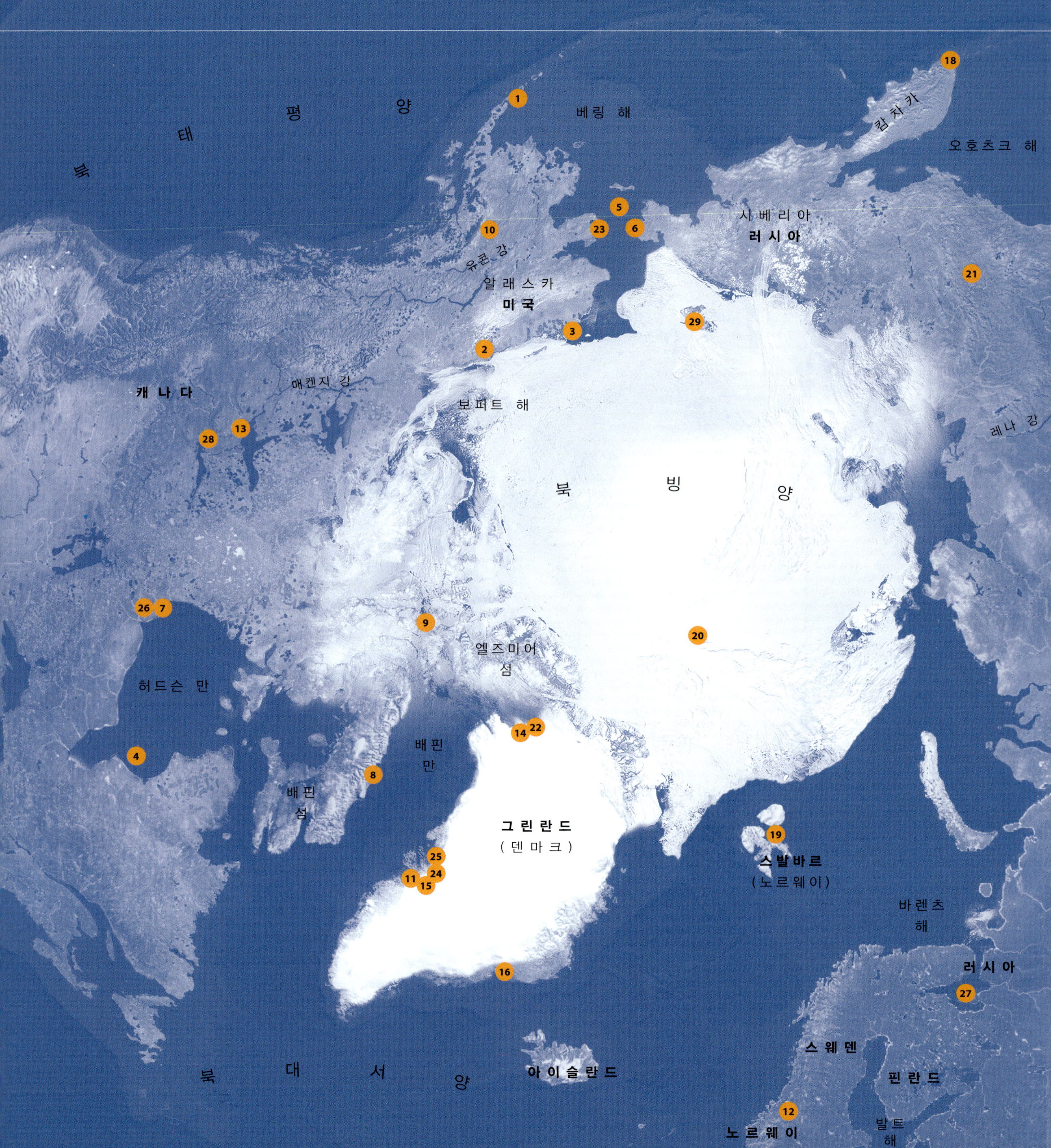
북 태 평 양
베링 해
캄차카
오호츠크 해
시베리아
러시아
1
10
유콘 강
알래스카
미국
5
23
6
29
21
3
2
보퍼트 해
캐나다
매켄지 강
레나 강
28
13
북 빙 양
26
7
9
20
엘즈미어 섬
허드슨 만
4
14
22
배핀 만
8
배핀 섬
19
그린란드
(덴마크)
스발바르
(노르웨이)
25
11
24
15
바렌츠 해
러시아
27
16
북 대 서 양
아이슬란드
스웨덴
핀란드
노르웨이
12
발트 해

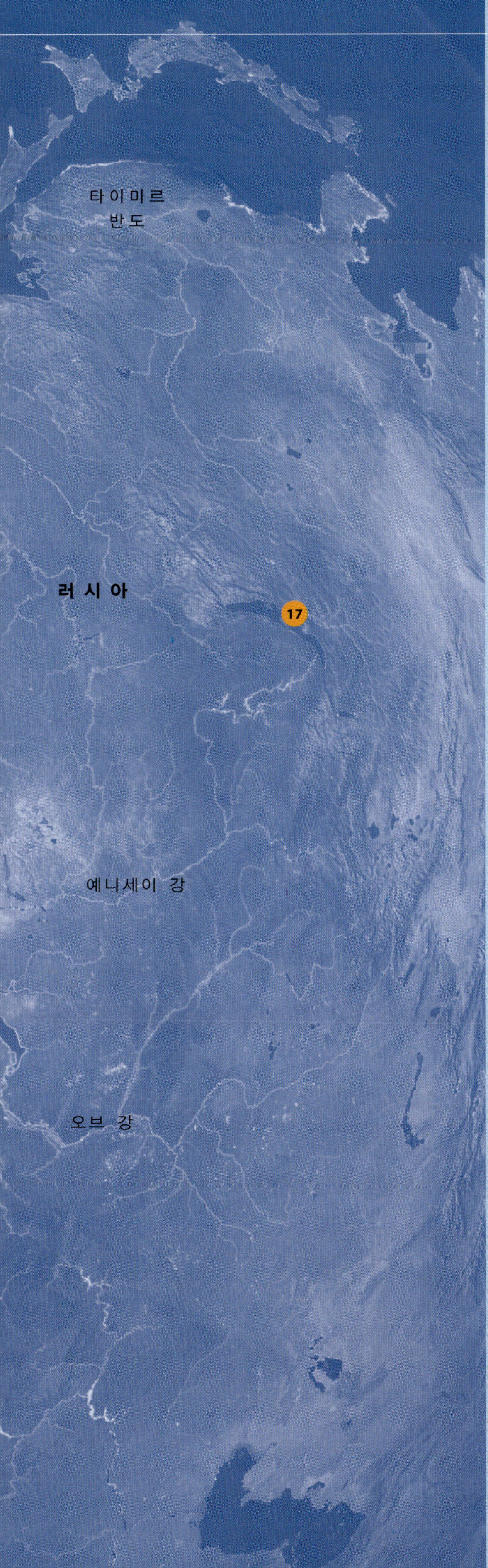

북극

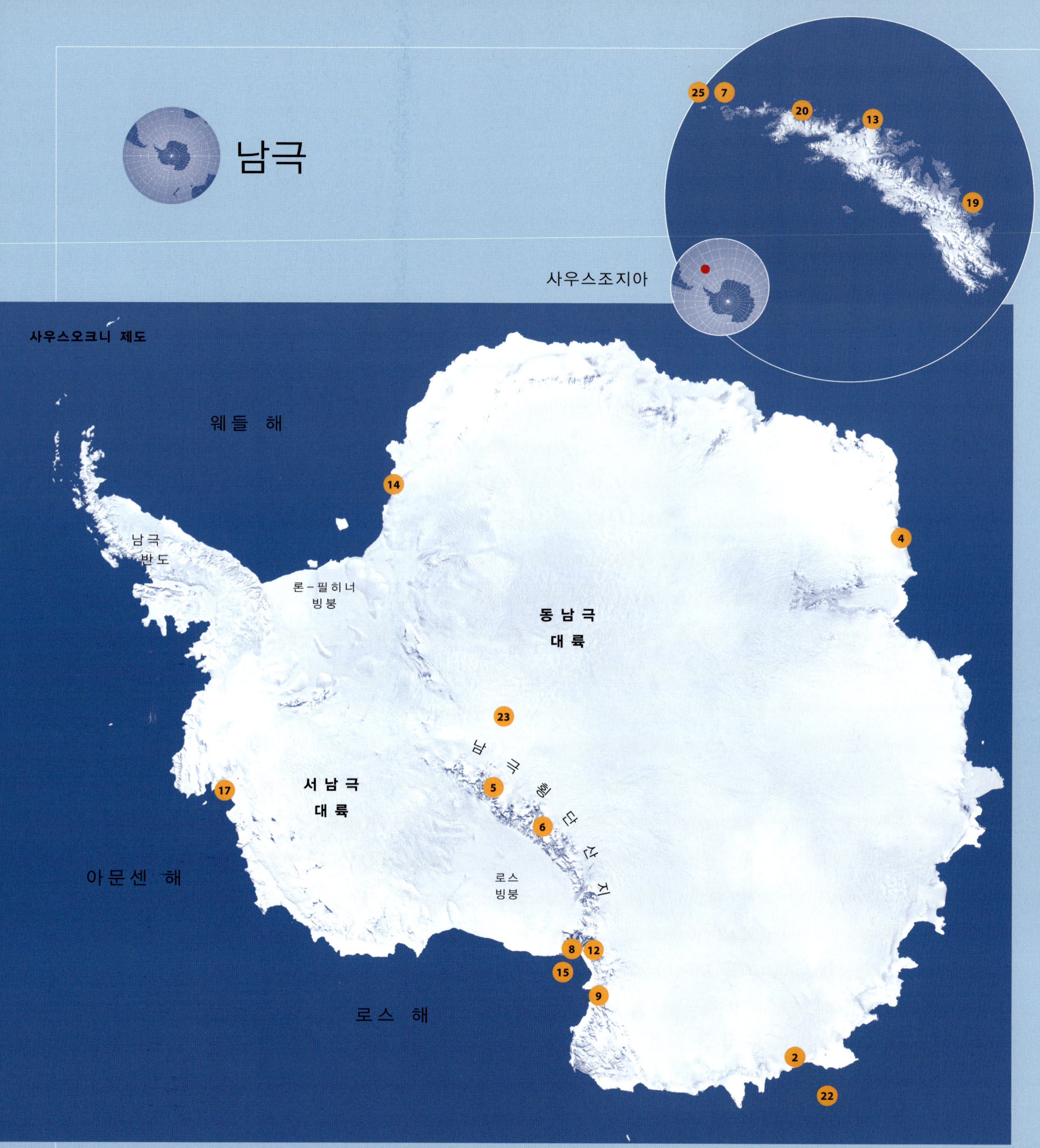

남극
사우스조지아
사우스오크니 제도
웨들 해
남극 반도
론-필히너 빙붕
동 남 극 대 륙
서 남 극 대 륙
아문센 해
로스 빙붕
로스 해

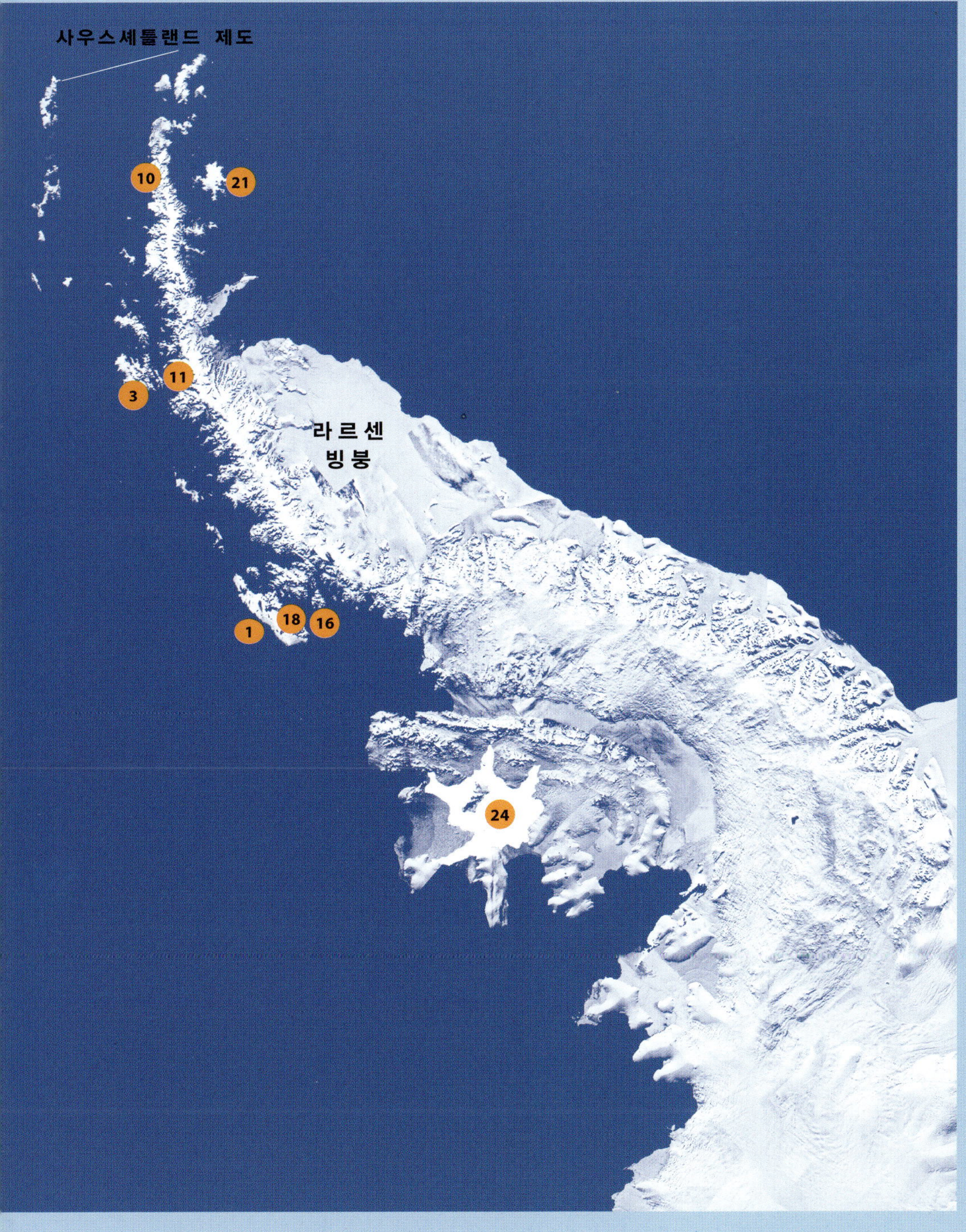

남극반도

찾아보기

감사의 말

이 책은 텔레비전 시리즈가 없었다면 출간되지 못했을 것이다. 또한 텔레비전 시리즈는 제작을 위해 4년을 보낸 특별하고 재능 있는 팀이 없었다면 만들어지지 못했을 것이다. 이는 절대로 과장의 말이 아니다. 우리의 프로덕션 매니지먼트는 브리스틀에서 BBC 자연사팀이 시도한 것 중에서 가장 복잡하고 외진 곳의 촬영을 조정했고, 현장에 있는 우리 팀은 한 번에 최대 6개월까지 우리 행성에서 가장 혹독한 환경에 용감히 맞섰다. 독특하면서도 때로는 반복될 수 없는 극지의 영상과 소리를 기록하겠다는 그들의 결의는 절대적이었으며, 이 모든 요소들을 모아 최고 수준으로 마무리된 최종 작품을 내놓겠다는 후반 작업팀의 결의도 이에 필적했다.

직접적인 제작팀 외에도 많은 사람과 기관이 도움을 주었다. 이들이 없었다면 극지가 지닌 경이로움에 우리는 조금도 다가가지 못했을 것이다. 특히 미국의 국립과학재단(National Science Foundation)은 서로 다른 일곱 개의 촬영팀을 남극대륙에서 지원해주었는데, 어떤 팀은 한 번에 6개월씩 지원받기도 했다. 이런 지원으로 우리 시리즈는 획기적인 영상을 매우 다양하게 포착할 수 있었다. 우리는 맥머도에 있는 레이시언(Raytheon) 사 직원과 과학자들 모두에게 대단히 감사한 마음을 갖고 있다. 우리가 체류하는 동안 모두들 너무나 관대하게 시간을 내서 도움을 주었다. 국립과학재단도 주요 항공 지원을 제공해주어서 우리는 남극지방에서 가장 접근하기 어려운 일부 지역으로 카메라를 들고 가서 사람이 거의 본 적도 없는 곳을 촬영할 수 있었다. 영국 해군도 남극의 여러 계절에 걸쳐 우리 팀원들에게 비슷한 도움을 주었다. 그 덕분에 남극반도와 사우스조지아의 독특한 항공 영상을 포착할 수 있었다. 우리의 야심만만한 공중촬영을 양 극지에서 가능하게 해준 용감하고 유능한 조종사 모두에게도 진심으로 감사드린다.

영국남극조사국은 버드 섬과 로테라에 있는 영국기지에서 우리 팀을 도와주었다. 극지대륙붕 프로젝트(Polar Continental Shelf Project)는 캐나다 북극지방에서 없어서는 안 될 인력과 장비 준비 업무를 제공했다. 이누이트 공동체들은 우리를 환영해주었고 까다로운 얼음을 건널 때 안내해주었다. 제롬과 디옹 퐁세는 남극의 바다에서 촬영하는 데 골든플리스 호가 최고의 배라는 것을 다시 한 번 증명했으며, 스발바르의 제이슨 로버츠와 그의 팀은 아름다운 그 제도에서 여러 차례 촬영하는 데 훌륭한 지원과 물류 작업을 제공했다. 앨런 허버드 박사와 그의 팀이 도와주지 않았더라면 그린란드에서의 많은 부분은 촬영이 불가능했을 것이다. 자신의 연구를 너무나도 기꺼이 제공한 모든 과학자들, 또는 매우 중요한 지원을 해준 현장 전문가 모두를 일일이 나열하기에는 지면이 부족할 따름이다. 하지만 우리는 그들의 도움에 항상 고마워할 것이다.

마지막으로 이 책의 출간을 위해 힘써준 셜리 패튼과 무나 리열, 놀라운 사진을 찾아준 로라 바윅, 훌륭하게 디자인해준 보비 버칠, 7장의 글을 써주고 우리가 편집자에게 기대할 수 있는 모든 것을 갖춘 로저먼드 키드먼 콕스에게 감사를 드린다.

PRODUCTION TEAM
Miles Barton
Vanessa Berlowitz
Helen Bishop
Katie Cuss
Samantha Davis
Fredi Devas
Alastair Fothergill
Chadden Hunter
Bridget Jeffery
Kathryn Jeffs
Anna Kington
Mandy Knight
Karen Le Huray
Mark Linfield
Dan Rees
Jason Roberts
Adam Scott

Matt Swarbrick
Elizabeth White
Jeff Wilson

CAMERA TEAM
John Aitchison
Doug Allan
Doug Anderson
David Baillie
James Balog
Barrie Britton
John Brown
Richard Burton
Jo Charlesworth
Rod Clarke
Martyn Colbeck
Stephen de Vere
Justine Evans

Wade Fairley
Tom Fitz
Ted Giffords
Oliver Goetzl
Joel Heath
Max Hug Williams
Michael Kelem
Ian McCarthy
Alastair MacEwen
David McKay
Jamie McPherson
Justin Maguire
Hugh Miller
Peter Nearhos
Didier Noirot
Ivo Nörenberg
Petter Nyquist
Mark Payne-Gill

Anthony Powell
Adam Ravetch
Tim Shepherd
Warwick Sloss
Mark Smith
Gavin Thurston
Jeff Turner
Mateo Willis
David Wright
Mike Wright
Daniel Zatz

SOUND RECORDISTS
Mark Roberts
Chris Watson
Andrew Yarme

프로즌 플래닛

1판 1쇄 찍음 2012년 6월 15일
1판 1쇄 펴냄 2012년 6월 22일

지은이 앨러스테어 포더길 외 | **옮긴이** 김옥진

주간 김현숙 | **편집** 변효현, 김주희
디자인 이현정, 전미혜 | **영업** 백국현, 도진호
관리 김옥연

펴낸곳 궁리출판 | **펴낸이** 이갑수

등록 1999. 3. 29. 제300-2004-162호
주소 110-043 서울시 종로구 통인동 31-4
우남빌딩 2층
전화 02-734-6591∼3 | **팩스** 02-734-6554
E-mail kungree@kungree.com
홈페이지 www.kungree.com
트위터 @kungreepress

ⓒ 궁리출판, 2012. Printed in Seoul, Korea.

ISBN 978-89-5820-239-4 03470

값 45,000원

FIELD ASSISTANTS
Steiner Aksnes
Tim Fogg
Oskar Storm
Lisa Ström
Oskar Ström

ADDITIONAL PRODUCTION
Penny Allen
Amirah Barri
Felicity Egerton
Sinead Gogarty
Justine Hatcher
Amanda Hutchinson
Simon Nash
Lisa Sibbald
Martin Tweddell
Elizabeth Vancura
Jo Verity
Robert Wilcox
Simon Wylie

POST PRODUCTION
Marc Baleiza
Ruth Berrington
Rowan Collier
Andy Corp
Richard Crosby
Kate Gorst
Harry Grinling
Miles Hall
Janne Harrowing
Wesley Hibberd
Richard Hinton
Shaun Littlewood
Rebecca Murden
Ruth Peacey
Steve Pelluet
Caroline Stow
Sarah Wade
Josh Wallace

MUSIC
George Fenton
Barnaby Taylor
BBC Concert
  Orchestra

FILM EDITORS
Nigel Buck
Andrew Chastney
Andy Netley
Dave Pearce
Steve White

ONLINE EDITOR
Adrian Rigby

EDIT ASSISTANTS
Darren Clementson
Robbie Garbutt
Ian Haworth

DUBBING EDITORS
Jonny Crew
Paul Fisher
Kate Hopkins
Tim Owens

DUBBING MIXER
Graham Wild

COLOURIST
Luke Rainey

GRAPHIC DESIGN
BDH (Burrell Durrant
  Hifle)
Steve Burrell
Mick Connaire
Paul Greer
Jess Lee

OPEN UNIVERSITY
Mark Brandon
David Robinson
Janet Sumner

AXSYS
Babette Foster
Tanya Foster
Jason Fountaine
Eric Groome
Colleen Zimmerman

**WITH SPECIAL
THANKS TO**
Jon Aars
The ABC Crew
Nok Acker
David Ainley
Airlift AS
Alaska Department of
  Fish and Game
Tom Allen
Wayne Alphonse
Magnus Andersen
Ben Anderson
Bill Andrews
Antarctic Heritage
  Trust
Arctic Circle Dive
  Centre
Arctic Watch Wildlife
  Lodge
Josée Auclair
Australian Antarctic
  Division

Lisa Baddeley
Baffin Region
  Hunters and Trappers
  Organization
Al Baker
Grant Ballard
Barrow Arctic Science
  Consortium
Fergus Beeley
Leah Beizuns
Jørgen Berge
Bob Bindschadler
Dustin Black
Dave Blackham
Don Blankenship
Scott Borg
Rob Bowman
Victor Boyarsky
British Film Institute
Gordon and Lewis
  Brower
Sue Buckett
Bernard Buigues
Darcy Burbank
Richard Burt
Misha Bykoff
Linda Capper
Tony and Kim Chater
Natalia Chervyakova
CMS, University of
  Cambridge
Jessie Crain
Brian Crocker
Bruno Croft
Kim Crosbie
Tom Crowley
Niall Curtis
Christopher Dean
Andrew Derocher
DigitalGlobe Inc
Marko Dimov
Athena Dinar
George Divoky
Alice Drake
Dave Drake-Brockman
John Durban
Jessica Farrer
Shawn Farry
Sue Flood
Erlend Folstad
Bill Fraser
Gretchen Freund
Gina Fucci
Robert Garrot
Shari Gearheard
Henk Geerdink
Craig George
Grant Gilchrist
Toni Gilson-Clarke
John Gordon

The Government of the
  Northwest Territories
The Government of
  South Georgia and
  the South Sandwich
  Islands
The Governor of
  Svalbard
Greenland Command
Alexander Groothaert
Julie Grundberg
Don Hampton
Roland Hansen
Lisa Harding
Joe Harrigan
Michelle Hart
Jack Hawkins
Pic Haywood
Stig Henningsen
Greg Henry
Roger and Fiona
  Hickman
Faye Hicks
Karen Hilton
Denver Holt
Barry Hough
Igloolik Hunter and
  Trappers Organization
Claudia Ihl
David Iqaqrialu
Iviq Hunters and
  Trappers Organization
Nicole Jacob
Barry James
Piotr Jarkov and
  family
Jessy Jenkins
David Jobson
Brian Johnson
Rasmus Jørgensen
Henry Kaiser
Valentine Kass
Liz Kauffman
Juha Kauppinen
Aziz Kheraj
Stacy Kim
Richard Kirby
Andrei Klimov
José Kok
Gerry Kooyman
Olga Kukal
Jyrki Kurtti
Bjørne Kvernmo
Phil Kyle
Olli Lamminsalo
Pascal Lee
Gerald Lehmacher
Gordon Leicester
Kenneth Libbrecht
Ian Llewellyn

Geoff Lloyd
James Lovvorn
Alain Lusignan
Tim McClagherty
Jimmer and Alyssa
  McDonald
Jim McNeill
Paula McNerney
Jen Mannas
James Marsh
Cory Matthews
Alan Meredith
Aled Miles
Mittimatalik Hunters
  and Trappers
  Organization
Montana State
  University
Paul Morin
Paul Murphy
NASA
NASA Scientific
  Visualization Studio
Ron Naveen
The New Island
  Conservation Trust
Louis Nielsen
Novoe Chaplino
  Hunters' Collective
Jimmy Nungaq
Leetia Nungaq
Petter Nyquist
Kieran O'Donovan
Frederique Olivier
Clive Oppenheimer
Alexander Orlav
Lasse Østervold
Liemikie Palluq
George Panayiotou
Lane Patterson
Lloyd Peck
Jari Peltomaki
Scott Pentecost
Aaron Peters
Kenett Petersen
Stephen Petersen
Kevin Pettway
Bob Pitman
Polar Geospatial Center
Simon Qamaniq
Quark Expeditions
Julie Raine
Mark Reese
Dave Reid
Ignatius Rigor
Ceiridwen Robbins
Rob Robbins
Thomas Romsdal
Trent Roussin
Jane Rumble

Steve Rupp
Steve Scammell
Florent Schoebel
Glenn Sheehan
Tore Sivertsen
Mike Skevington
Janice Sloan
Andy Smith
Matt Smith
Adia Sovie
Sharon 'Rae' Spain
Glenn Stauffer
Ian Stirling
Martha Story
Cara Sucher
David Sugden
Paul Sullivan
Monica Sund
Dr Janne Sundell
Dylan Taylor
Becky Thompson
Niobe Thompson
T'licho First Nation
Jez Toogood
Matthew Torrible
James Travis III
Hailaeos Troy
Nick Turner
The University Centre
  in Svalbard
USCG Healy
Mark van de Weg
David Vaughan
Rindy Veatch
Andrey Vinnikov
Peter Wadhams
Katey Walter
Jeremiah Walters
Stewart and Cody
  Webber
Richard, Tessum and
  Nansen Weber
Wood Buffalo National
  Park
Dave Wride
Yacht Australis
Lena Yakovleva
Yellowknife Dene First
  Nation
Hannu Ylönen
Paul Zakora

사진 출처

1 Nick Cobbing/Greenpeace; **2–3** Daisy Gilardini/Getty; **4–5** Ted Giffords; **7** Sergey Gorshkov; **8** Dan Rees; **9** R Pitman; **10–11** Daisy Gilardini/Getty.

CHAPTER 1

13 Wild Wonders of Europe/Jensen/naturepl.com; **14** Daisy Gilardini/Getty; **15** BDH/BBC; **16** Pål Hermansen; **17** Andy Rouse; **18** Daisy Gilardini/Getty; **19** Andy Rouse; **21** Adam Scott; **22** Jenny E Ross; **23** Nick Cobbing/Greenpeace; **24–5** John Aitchison; **26** Jack Dykinga/naturepl.com; **27** Sergey Gorshkov; **28–9** Sergey Gorshkov; **30–1** Wild Wonders of Europe/Munier/naturepl.com; **32–3** Orsolya Haarberg/naturepl.com; **34** Laurent Geslin/naturepl.com; **35** Sergey Gorshkov; **36** Tui de Roy/Minden Pictures/FLPA; **37** Tui de Roy/Minden Pictures/FLPA; **38–9** Chadden Hunter; **40–1** Maria Stenzel/National Geographic Image Collection; **42** Jan Vermeer/Minden Pictures/FLPA; **43** Yva Momatiuk & John Eastcott/Minden Pictures/Getty; **44–9** Vanessa Berlowitz; **51** Dan Rees; **52–3** Daisy Gilardini/Getty.

CHAPTER 2

55 Paul Nicklen/National Geographic Image Collection; **56** BBC; **57** Staffan Widstrand/naturepl.com; **58–9** Jason Roberts; **60–2** Jason Roberts; **63** Andy Rouse; **64–5** Jenny E Ross; **66tl** Daisy Gilardini/Masterfile; **66tr** BBC; **66b** BBC; **67** BBC; **68–69** Pål Hermansen; **70–1** Ted Giffords; **72–3** Paul Nicklen/National Geographic Image Collection; **74** Adam Scott; **75** Matt Swarbrick; **76–9** Andy Rouse; **80–1** Roy Mangersnes/naturepl.com; **81** Miles Barton; **82–3** Matt Swarbrick; **84** Andy Rouse; **85** Fred Olivier; **86–7** Andy Rouse; **88–9** Maria Stenzel/National Geographic Image Collection; **89** Andy Rouse; **90** John Aitchison; **90–1** Andy Rouse; **92–3** Jeff Wilson; **94–5** Jeff Wilson.

CHAPTER 3

97 Andy Rouse; **98** Daisy Gilardini/Masterfile; **99–101** Jason Roberts; **102** John & Mary-Lou Aitchison/naturepl.com; **103** Jason Roberts; **104** Pål Hermansen; **105** Jenny E Ross; **106** BBC; **107** T Jacobsen/ArcticPhoto.com; **108** Pål Hermansen; **109** Kieran O'Donovan; **110** Andy Rouse/naturepl.com; **111** Markus Varesvuo/naturepl.com; **112–13** Nick Garbutt; **114** Ingo Arndt/naturepl.com; **115** Andy Rouse; **116–17** Andy Rouse; **118** Flip De Nooyer/FotoNatura/Minden Pictures/FLPA; **119** Rick Tomlinson/naturepl.com; **120** Yva Momatiuk & John Eastcott/National Geographic Image Collection; **121** Steven Kazlowski/naturepl.com; **122–3** Chadden Hunter; **124–5** John Durban; **125** R Pitman; **126–7** Kathryn Jeffs; **128–9** Colin Monteath/Hedgehog House/Minden Pictures/National Geographic Image Collection.

CHAPTER 4

131 Sergey Gorshkov; **132** Jenny E Ross; **133** Sergey Gorshkov; **134** Jenny E Ross; **136–7** Elizabeth White; **138** Sergey Gorshkov; **139** Ryan Askren; **140–2** Sergey Gorshkov; **143** Bryan and Cherry Alexander/naturepl.com; **144–5** Wild Wonders of Europe/Munier/naturepl.com; **146–7** Ingo Arndt/naturepl.com; **148** D Rootes/ArcticPhoto.com; **149** Pete Oxford/naturepl.com; **150** Jenny E Ross; **151** Suzi Eszterhas/naturepl.com; **152** Jenny E Ross; **153–5** John Aitchison; **156–7** Jeff Wilson; **158–9** Daisy Gilardini/Masterfile; **160** John Aitchison; **161** Jason Roberts; **162tl** BBC **162–3** Ken Libbrecht/BBC.

CHAPTER 5

165 Daisy Gilardini; **166** Pål Hermansen; **167** Kaj R Svensson/Science Photo Library; **168–9** Jamie McPherson; **171** Jason Roberts; **172–3** BBC; **175** James Lovvorn; **176** Morten Hilmer; **177** Fredi Devas; **178–9** B&C Alexander/ArcticPhoto.com; **180** Markus Varesvuo/naturepl.com; **181** Sergey Gorshkov; **182–3** Chadden Hunter; **184** BBC; **186–7** BBC; **189t** Kathryn Jeffs; **189b** Sergey Gorshkov; **191** Markus Varesvuo/naturepl.com; **192–3** Sergey Gorshkov; **195** Neil Lucas/naturepl.com; **196–7** Doug Anderson; **198** Hugh Miller; **200–1** BBC; **202–3** John Aitchison; **204–5** Pål Hermansen; **206–7** Fred Olivier.

CHAPTER 6

209-210 Nick Cobbing/Greenpeace; **211** Bryan and Cherry Alexander/naturepl.com; **212–13** Dan Rees; **214–15** Bryan and Cherry Alexander/naturepl.com; **216** Jenny E Ross; **217–19** Adam Scott; **220** Elizabeth White; **221** Adam Scott; **222–3** BDH/BBC; **224–5** Jenny E Ross; **226–7** Andy Rouse/Getty; **228** Richard Olsenius/National Geographic Image Collection; **229** Lowell Georgia/National Geographic Image Collection; **230–1** Morten Hilmer; **232–3** Nick Cobbing/Greenpeace; **234–6** James Balog/ExtremeIceSurvey.org; **236** Sue Flood/Getty; **237** Todd Paris/UAF Marketing and Communications; **238t** BDH/BBC; **238b** John Aitchison; **239** BDH/BBC; **240–1** Joel Sartore/National Geographic Image Collection; **242–3** VisibleEarth/NASA; **244** BBC; **245–7** Daniel Beltra; **249** Pete Oxford/naturepl.com.

CHAPTER 7

251 Hugh Miller; **252** Alastair Fothergill; **253** Dan Rees; **254** Doug Anderson; **255** Elizabeth White; **256** Alastair Fothergill; **257** BBC; **258** Jason Roberts; **259** Dan Rees; **260** Nataliya Chervyakova; **261** Hugh Miller; **262** Doug Anderson; **263** Hugh Miller; **265t** Chadden Hunter; **265b** Pål Hermansen; **266–9** Chadden Hunter; **270** Mark Linfield; **271–2** Jeff Wilson; **274** Jeff Wilson; **276** Jason Roberts; **277** Andy Rouse; **278–9** Sergey Gorshkov; **280** Miles Barton; **281** Kathryn Jeffs; **282** R Pitman; **282–3** Kathryn Jeffs; **284–5** John Durban; **285** R Pitman; **286–7** R Pitman; **287** Doug Anderson; **289–291** Chadden Hunter; **292** Mark Linfield; **293** Adam Scott; **294** Jason Roberts; **295** Chadden Hunter; **296** Dan Rees; **297** Dan Rees; **298–9** Adam Scott; **300** Adam Scott; **301** Vanessa Berlowitz; **302–3** Planetary Visions Ltd/Science Photo Library & NASA/GSFC, MODIS Rapid Response; **303** iStockphoto.com/Anton Seleznev; **304** Planetary Visions Ltd/Science Photo Library; **304 inset** NASA Landsat ETM+ imagery; **304** iStockphoto.com/Anton Seleznev; **305** British Antarctic Survey/Science Photo Library.

endpaper front: Sue Flood/Getty; **endpaper back**: Jenny E Ross.